Kosmologische Strukturbildung

Helmut Hetznecker

Kosmologische Strukturbildung

**Von der Quantenfluktuation
zur Galaxie**

Reihe *Astrophysik aktuell*: Herausgegeben von Andreas Burkert, Harald Lesch, Thomas Gehren, Nikolaus Heckmann mit Unterstützung des Harvard Club München e.V.

Autor
Dr. Helmut Hetznecker
Fraunhofer Straße 2
83346 Bergen

Wichtiger Hinweis für den Benutzer
Der Verlag, der Herausgeber und die Autoren haben alle Sorgfalt walten lassen, um vollständige und akkurate Informationen in diesem Buch zu publizieren. Der Verlag übernimmt weder Garantie noch die juristische Verantwortung oder irgendeine Haftung für die Nutzung dieser Informationen, für deren Wirtschaftlichkeit oder fehlerfreie Funktion für einen bestimmten Zweck. Der Verlag übernimmt keine Gewähr dafür, dass die beschriebenen Verfahren, Programme usw. frei von Schutzrechten Dritter sind. Die Wiedergabe von Gebrauchsnamen, Handelsnamen, Warenbezeichnungen usw. in diesem Buch berechtigt auch ohne besondere Kennzeichnung nicht zu der Annahme, dass solche Namen im Sinne der Warenzeichen- und Markenschutz-Gesetzgebung als frei zu betrachten wären und daher von jedermann benutzt werden dürften. Der Verlag hat sich bemüht, sämtliche Rechteinhaber von Abbildungen zu ermitteln. Sollte dem Verlag gegenüber dennoch der Nachweis der Rechtsinhaberschaft geführt werden, wird das branchenübliche Honorar gezahlt.

Bibliografische Information der Deutschen Nationalbibliothek
Die Deutsche Nationalbibliothek verzeichnet diese Publikation in der Deutschen Nationalbibliografie; detaillierte bibliografische Daten sind im Internet über http://dnb.d-nb.de abrufbar.

Springer ist ein Unternehmen von Springer Science+Business Media springer.de

© Spektrum Akademischer Verlag Heidelberg 2009
Spektrum Akademischer Verlag ist ein Imprint von Springer

09 10 11 12 13   5 4 3 2 1

Für Copyright in Bezug auf das verwendete Bildmaterial siehe Abbildungsnachweis.

Planung und Lektorat: Katharina Neuser-von Oettingen, Stefanie Adam
Herstellung: Ute Kreutzer
Umschlaggestaltung: SpieszDesign, Neu-Ulm
Titelfotografie: NASA
Satz: le-tex publishing services oHG, Leipzig
Druck und Bindung: Stürtz GmbH, Würzburg

Printed in Germany

ISBN 978-3-8274-1935-4

„Es hat keinen Zweck mehr", seufzte er traurig, *„wir haben nicht mehr das Können der Alten, die Zeit der Riesen von einst ist vorbei!"*

„Ja, wir sind Zwerge", nickte William, *„aber Zwerge, die auf den Schultern der Riesen von einst sitzen, und so können wir trotz unserer Kleinheit manchmal weiter sehen als sie."*

Umberto Eco
in *Der Name der Rose*

Vorwort

Wann interessiert uns der gestirnte Himmel über uns? Abends und nachts, dann, wenn sich die Sterne über den dunklen Nachthimmel ausbreiten. Tagsüber sind wir höchstens besorgt, ob wir den nächsten Stern, die Sonne, leuchten sehen. Meistens sind wir zu geschäftig, um unsere Sinne und Gedanken auf das All zu richten.

Wir Menschen leben auf einem Planeten, der nur so strotzt vor Aktivität. Die uns umgebende Natur, nicht anders als unsere eigenen Ziele und Tätigkeiten, verändert sich in einem fort: Alles bewegt sich, alles fließt. Pflanzen verdunsten Wasser, das sie aus dem Boden ziehen. Wolken formen sich am Himmel. Es regnet, Flüsse fließen, das Meer brandet an die Küsten. Vulkane brechen aus und die Erde bebt. Wir Lebewesen atmen auf dem Grund eines Luftmeeres. Immer dünner werdend, ragt es weit hinaus in den Weltraum. Und alles dreht und rührt und bewegt sich.

Unser Planet ist eine Kugel inmitten eines sehr leeren Universums. In 150 Millionen Kilometer Entfernung, nach astronomischen Begriffen vor unserer Haustür, leuchtet die Sonne – ein Stern unter Milliarden anderen in unserer Milchstraße. Unsere Galaxie ist eine Sterneninsel von rund 100 000 Lichtjahren Ausdehnung, eine Gas- und Sternscheibe, die sich um ihr Zentrum dreht. Mehr als zwei Millionen Lichtjahre von uns rotiert schon die nächste galaktische Scheibe, die Andromeda-Galaxie, um ihr eigenes Zentrum. Die beiden großen Spiralgalaxien, unsere Milchstraße und Andromeda, sind umgeben von kleinen Zwerggalaxien. Alle zusammen gehören sie zu einer Gruppe von Galaxien, die sich über rund 30 Millionen Lichtjahre erstreckt. Die *Lokale Gruppe* rast auf den Virgo-Haufen zu, einem riesigen Galaxien-Cluster, dessen Entfernung bereits in hundert Millionen Lichtjahren gemessen wird. Virgo schließlich gleitet mit anderen Galaxienhaufen in Richtung einer gewaltigen Materieansammlung – dem *Großen Attraktor*.

Schaut man immer tiefer ins Universum, breitet sich ein Netz aus Materie vor uns aus: Galaxienhaufen reihen sich wie Perlen auf einer Schnur an den Wänden gewaltiger Leerräume. Das Universum besteht zu drei Viertel aus Leere, die in leuchtende Materie gehüllt ist. Gerade diese ungeheure Leere ist eine der wichtigsten Eigenschaften des heutigen Universums.

Wäre das All nicht so leer, könnte das Licht ferner Welten kaum bis zu uns
vordringen, könnten wir die Sterne am Nachthimmel gar nicht sehen. Der
Blick in den gestirnten Himmel über uns verrät also bereits etwas Wesentliches über das ganze Universum: Es ist so gut wie leer.

Wie kann das sein? Ganz einfach, das Universum ist alt! Seit seiner Geburt dehnt es sich aus. Der Raum expandiert; das Universum wird immer
größer und leerer. Und in einem sich stets vergrößerndem Universum, so
erwarten wir eigentlich, verdünnt sich die Materie mehr und mehr. Aber
stimmt das denn? Nein, denn offenbar gibt es ja Galaxien, also Materie*verdichtungen*! Und in den Galaxien gibt es immer dichtere Materiefor-
men: die Sterne und, noch mehr, die Planeten. Offenbar entstanden im Universum Objekte, die sich der allgemeinen Ausdünnung durch die Expansion
des Kosmos entgegenstemmten.

Also was ist wirklich passiert während der Entwicklung des Universums? Wie sind solche Objekte wie die Galaxien entstanden? Davon handelt dieses Buch. Es erzählt vom Werden der Dinge, der sehr großen Dinge.
Dieses kleine Buch präsentiert die Geschichte der größten Objekte überhaupt. Das Universum als das größte Etwas, von dem wir überhaupt wissen,
ist bevölkert von Galaxien, die sich zumeist in Gruppen oder Haufen versammeln, die sich aber ihrerseits zu noch größeren Superhaufen zusammentun. Zwar gibt es auch „Einzelgänger" – Galaxien, die ganz verloren und
alleine durchs Universum streifen. Eines schönen Tages werden aber auch
diese von der Schwerkraft der anderen Galaxien eingefangen und genötigt,
sich den Gruppen und Haufen anschließen. Es geht um die Entstehung der
verschiedenen Galaxientypen, die Verschmelzung von kleinen Galaxien zu
immer Größeren. Das Buch handelt von der Entstehung und dem Werden
der großen Hierarchie.

Leider sind die Vorgänge nicht so einfach, wie sie zunächst scheinen.
Da ist nicht nur leuchtende Materie, die sich unter der Wirkung der eigenen
Schwerkraft zusammenfindet. Die leuchtende Materie ist nur die Spitze des
materiellen Eisberges. Verborgen in der Unsichtbarkeit gibt es eine Form
von Materie, die vollkommen dunkel ist. Sie schluckt kein Licht und gibt
keines ab. Sie ist einfach nur schwer, und sie ist der wirkliche Grund für die
Entstehung der leuchtenden Galaxien. Die Dunkle Materie stellt über 75 %
der gesamten Materie im Universum. Ihre Schwerkrafttöpfe sind die Aus-
gangspunkte der Entwicklung hin zu leuchtenden Galaxien. Dort nämlich,
wo sich die Dunkle Materie bereits verdichtet hatte, fiel die leuchtende Materie ein und bildete die Sterneninseln. Über die Natur der Dunklen Materie
können wir bis heute nur in Steckbriefen reden: Sie ist schwer und kalt.
Sie muss aus Teilchen bestehen, die ganz anders sind als die Teilchen der

Galaxien, Sterne, Planeten und der Lebewesen. Dunkle Materie ist völlig anders, aber sie macht sich bemerkbar durch ihre Schwerkraft.

Die Astronomen kennen also wenigstens schon einmal die Teilnehmer am kosmischen Tanz der Materie. Sie möchten aber vor allem wissen, wann genau in der Geschichte des Universums sich die Verdichtung der Materie zum ersten Mal in Form von Sternen und Galaxien abgespielt hat. Die Astronomen sprechen vom „Dunklen Zeitalter", das es mittels neuer Teleskope zu entdecken gilt. In dieser Phase des Universums, einige Zigmillionen Jahre nach dem Beginn müssen sich die ersten Sterne gebildet haben und das erste Licht ins ansonsten schon sehr dunkle Universum geschickt haben. Diese Entdeckungen stehen kurz bevor. Vielleicht wird, schon während Sie dieses Buch lesen, der *erste* Stern im Universum entdeckt. Viel Vergnügen und spannende Unterhaltung!

Harald Lesch

Vorwort des Verfassers

Mit der „Kosmologischen Strukturbildung" liegt nach der „Expansionsgeschichte des Universums" ein weiterer Band der Reihe *Astrophysik aktuell* vor, der sich ausschließlich einem kosmologischen Thema widmet. Das vorliegende Buch kann als Fortsetzung der „Expansionsgeschichte" gelesen werden, stellt aber gleichwohl ein in sich geschlossenes Buch dar. Die kosmologischen Grundlagen der Strukturbildung sind im ersten Kapitel zusammenfassend und in aller Kürze dargestellt.

Ungezählte Neuerscheinungen von hoher Qualität berichten Jahr für Jahr aktuell von der Kosmologie, jener grundlegenden und facettenreichen Disziplin. In keinem Buch scheint mir jedoch der Fokus konkret auf die Frage gerichtet, wie es im Universum eigentlich zu Entstehung der Galaxien und der großen Strukturen kam, die dem Universum seine materielle Gestalt verleihen. Ich sehe den vorliegenden Band daher auch als Versuch, eine Lücke zu schließen.

Ich danke Herrn Dr. Nikolaus Heckmann und dem Harvard-Club München für die Idee zur vorliegenden Reihe und deren engagierte Umsetzung. Mein besonderer Dank gilt meinem langjährigen „Mentor" Prof. Andreas Burkert, Direktor an der Universitätssternwarte München, der mir zu meiner Freude die Autorenschaft für die kosmologischen Bände der vorliegenden Reihe angetragen hat. Vielen Dank ebenso an Stefanie Adam und Katharina Neuser-von Oettingen vom Spektrum-Verlag für die reibungslose und jederzeit angenehme Zusammenarbeit, sowie an die Herren Thomas Aumer und Hans Hetznecker für zahlreiche Korrekturen am Manuskript.

Helmut Hetznecker, Mai 2008

Inhaltsverzeichnis

Kapitel 1

Bühne und Mitwirkende

Wir tragen einige Grundlagen der Kosmologie zusammen. Es wird vom Standardmodell und der Hintergrundstrahlung die Rede sein, von der Rotverschiebung und den beiden großen Kontrahenten im Universum – Gravitation und Expansion.

Werden und Vergehen gehören zum Wesen der Dinge. Diese Einsicht ist beinahe so alt wie das philosophische Denken selbst: *Panta rhei*, heißt es bei den Vorsokratikern, *alles fließt*! Doch bei all ihrer Weitsicht konnten die alten Gelehrten kaum ahnen, wie sehr der gestirnte Himmel – angelegt, wie es scheint, für die Ewigkeit – ihrer Idee von der Veränderung tatsächlich nachkommt. Heute sehen wir weiter. Heute stehen wir „als Zwerge auf den Schultern der Riesen von einst", wie es in der Literatur heißt.

Die Sterne und Galaxien, sie waren nicht immer. Sie werden geboren und durchleben eine Entwicklung. Das sehen wir heute als gesichert an, und der Weg von der häufig zitierten „Ursuppe" zu den Galaxien, vom Chaos zur Ordnung ist es, der uns hier beschäftigen wird. Dieses Buch handelt von einem gewaltig angelegten Gestaltungsprozess, dem größten denkbaren in der Geschichte der Natur – von der materiellen Selbst-Gestaltung des Universums. Sie beginnt mit dem Anfang der Zeit vor 14 Milliarden Jahren und nimmt kein Ende bis in unsere Tage.

Noch keine hundert Jahre sind es her, dass wir uns der Existenz extragalaktischer Objekte überhaupt bewusst wurden. Der Name des amerikanischen Astronomen Edwin Hubble (1889–1953) wird immer mit dieser radikalen Erkenntnis verbunden sein. Durch genaue Beobachtung des Andromedanebels konnte er zeigen, dass es sich bei jenem diffusen Fleck am Himmel nahe der *Cassiopeia* (des bekannten Himmels-„W"s) um eine *Galaxie* gleich unserer Milchstraße handelt. Später erkannte Hubble, dass praktisch alle Galaxien gleichsam von uns fliehen – und zwar umso rasanter, je weiter sie von uns entfernt sind! Das war und ist nur zu verstehen im Sinne einer globalen Ausdehnung des gesamten uns umgebenden Raumes: Die *Expansion des Universums* war begriffen und der Rahmen unseres modernen Bildes vom Universum gesetzt.

Das Wissen um die kosmische Expansion trug aber bereits den Keim einer anderen gewaltigen Idee in sich: dass nämlich alle Materie in einer unvorstellbar weit zurückliegenden Vergangenheit auf engstem Raum zusammengedrängt sein musste. Einsteins große Theorie der Gravitation, die Allgemeine Relativitätstheorie, stützt diesen Gedanken kompromisslos. Ihre Gleichungen führen die Geschichte des Universums unweigerlich zurück auf eine *Anfangssingularität*. Darunter verstehen wir einen Zustand unvorstellbar hoher Dichte und Temperatur, zusammengeballt auf einen winzigen Punkt, kleiner als jener nach diesem Satz. Wir sind beim „Urknall" angelangt, dem spektakulären Anfang von Raum und Zeit. Der Urknall – was für ein kühner und absurder Gedanke. Doch obwohl wir nur wenig von seiner Natur wissen, zweifelt heute kaum ein Kosmologe ernsthaft an seiner Realität.

Das inflationäre Universum

Den Urknall selbst werden wir kaum je erforschen können. Aber selbst wenn, dann ganz gewiss nicht mit den Mitteln der gegenwärtigen Physik. Seit vielen Jahren ringen die Physiker um neue Theorien, durch die es wenigstens möglich werden soll, sich dem Urknall auf unvorstellbar kurze Zeitspannen zu nähern. Die Allgemeine Relativitätstheorie versagt angesichts der hohen Energien kurz nach der Geburt des Universums, weil die Quantentheorie zum Tragen kommt. Umgekehrt führt die Quantenmechanik auf Schwierigkeiten, sobald man versucht, sie mit der Relativitätstheorie in Einklang zu bringen. Den Durchbruch erhoffen sich die Physiker heute von immer leistungsfähigeren Teilchenbeschleunigern, mit denen man die Bedingungen kurz nach Beginn des Urknalls simulieren kann. Im Sommer dieses Jahres soll am Kernforschungszentrum CERN endlich der lang ersehnte *Large Hadron Collider* (*LHC*) in Betrieb gehen. Mit ihm versucht man, Theorien zu testen, die einen noch tieferen Blick in die allerersten Momente des Universums ermöglichen.

Um eine schlüssige Theorie des Kosmos begründen zu können, ist es aber nicht unbedingt notwendig, den Augenblick seiner Geburt vollkommen zu verstehen. Von wesentlich größerem Interesse ist das, was kurz danach geschieht. Das erste markante Ereignis nach dem Urknall ließ nicht lange auf sich warten. Man glaubt, dass das Universum bereits nach ca. 10^{-35} (0,000 000 000 000 000 000 000 000 000 000 000 01) Sekunden einen gewaltigen Schub erfuhr. Über die aberwitzige Dauer von 10^{-33} Sekunden expandierte es explosionsartig um einen gewaltigen Faktor! Von der Dimension eines Atoms riss es auf zur Größe des Sonnensystems – oder weit mehr! (Man vermutet je nach zugrunde liegendem Modell einen Vergrößerungsfaktor von 10^{30}–10^{50}!) Für die spätere Entstehung der Strukturen ist dies von größter Bedeutung. Denn in jener Phase werden die zuvor bereits vorhandenen mikroskopischen Dichteschwankungen auf makroskopische Größe aufgebläht und unauslöschlich in das Universum geprägt. Dies wird ausführlicher Gegenstand des dritten Kapitels sein.

Ein anderer fundamentaler Aspekt der modernen Kosmologie ist, dass das Universum sehr heiß begann. Wir reden von 10^{32} Kelvin[1] unmittelbar nach dem Urknall. Mit der fortschreitenden Expansion kühlt das Universum sehr schnell ab. Innerhalb einer Zehnmilliardstel Sekunde fiel die Temperatur auf 10^{15} K. 380 000 Jahre nach dem Urknall waren es nur noch 1500 K und heute schließlich, nach 13,7 Milliarden Jahren, herrschen gerade noch 2,73 K im Universum! Dass wir die thermische Geschichte des Universums einigermaßen nachvollziehen können, ist von unschätzbarer Bedeutung für das Verständnis der kosmischen Entwicklung. Denn die Thermodynamik schreibt das Drehbuch für den Ablauf der physikalischen Prozesse. Mithilfe der Temperatur können wir den Gang der Ereignisse einschätzen, wie sie sich zu bestimmten kosmologischen Epochen zutragen mussten.

Teils hat man es dabei mit Spekulation zu tun, teils mit experimentell belastbarer Physik. Innerhalb von einer Sekunde haben sich im Universum die fundamentalen Bausteine der Materie gebildet. Nach drei Minuten war die Entstehung der leichten Elemente Wasserstoff und Helium vollendet. 380 000 Jahre lang war das Universum erfüllt von einer heißen, undurchsichtigen Wolke aus Strahlung, gewöhnlicher und „Dunkler" Materie. Bis zum Aufleuchten der ersten Sterne sollten noch mehrere Hundert Millionen Jahre vergehen.

! Das Universum war unmittelbar nach seiner Geburt vor 13,7 Milliarden Jahren extrem klein, heiß und dicht. Schnell bildeten sich die Bausteine der Materie. Aufgrund seiner Expansion kühlte das Universum rasch ab. Sofort nach seiner Geburt erfuhr es einen gewaltigen Expansionsschub, die *Inflation*. Heute ist das Universum mit 2,73 K extrem kalt.

---

1 Kelvin ist die in der Physik gebräuchliche Einheit der Temperatur. Eine Temperaturänderung von 1 K entspricht einer Änderung von 1 °C. Allerdings ist der Nullpunkt der Kelvin-Skala nicht der Gefrierpunkt des Wassers, sondern der *absolute Nullpunkt*, die tiefste in der Natur erreichbare Temperatur. Es gibt also keine negativen Kelvin-Werte. Der absolute Nullpunkt liegt bei –273 °C, die Umrechnung erfolgt nach dem Gesetz $T_{\text{Kelvin}} = T_{\text{Celsius}} + 273$.

Einstein, Friedman
und das Modell des Universums

Im späten 16. Jahrhundert begann ein Gelehrter aus Parma neue Wege in der wissenschaftlichen Methodik zu beschreiten. Als einer der ersten Naturforscher stellte Galileo Galilei (1564–1642) gezielte „Fragen" an die Natur. Er führte fein ausgeklügelte *Experimente* durch, die er einer analytischen Auswertung unterzog[2]. Seine Untersuchung des freien Falls schwerer Körper machte ihn gleichzeitig zum „Erfinder" der Naturgesetze.

Weniger als ein Jahr nach Galileis Tod erblickte in der englischen Grafschaft Lincolnshire ein Landwirtssspross das Licht der Welt, dessen Wirken endgültig das Zeitalter der wissenschaftlichen Moderne einläutete. Sein Hauptwerk *Philosophiae Naturalis Principia Mathematica* erschien 1687 und wurde zu einer der bedeutendsten Schriften in der Geschichte der Naturwissenschaft. Sein Verfasser, Isaac Newton (1642–1727), formuliert darin als Erster das Prinzip von der Invarianz der Naturgesetze: Physikalische Gesetze sollten in jedem gleichförmig bewegten Bezugssystem dieselbe Form haben. Wenn Sie motorisch und koordinativ in der Lage sind, in Ihrer Küche einen Apfel ein paar Zentimeter hochzuwerfen und aufzufangen, wird Ihnen das auch in einem Flieger gelingen, der mit 900 km/h durch die Wolken schießt – vorausgesetzt, Sie haben keine Turbulenzen (und einen Apfel). Denn in beiden Fällen befinden Sie sich in einem – aus Ihrer jeweiligen Sicht – ruhenden System. Das ist der Inhalt des Invarianz-Prinzips.

In seinen *Principia* behauptet Isaac Newton auch, dass der freie Fall eines Apfels und der Lauf der Erde um die Sonne von ein und derselben Kraft gelenkt werden. Er hat erkannt, dass diese Kraft das ganze Universum durchdringt und dafür sorgt, dass alle massebehafteten Körper sich gegenseitig anziehen. Newton konnte einen mathematischen Ausdruck angeben, der den Fall des Apfels ebenso gut beschrieb wie die Bewegung des Mondes.

Galileis Messungen und genauen Dokumentationen eigneten sich, eine einfache Wirkung der Natur allgemein zu formulieren. Und sie ließen ihn

---

2   Schon weit vor Galilei bekannte sich der englische Philosoph und Franziskanermönch Roger Bacon (1214–1294) zur experimentellen Methode. Als einer der ersten Naturforscher verließ er den ausgetretenen Pfad und ging in seinem Werk über die im Mittelalter verbreitete pure Interpretation des Aristoteles hinaus. Sein wissenschaftliches Wirken konzentrierte sich auf die Optik. Vielen gilt er als erster *Empiriker*.

vermuten, dass der freie Fall offenbar einer gewissen Harmonie folgt. Isaac Newton aber drang mit seiner großen Theorie ein in das Wesen der Schwerkraft! Es begann sich abzuzeichnen, dass diese ominöse Kraft, die die Dinge nach „unten" zieht und dafür sorgt, dass wir nicht in den Weltraum fortschweben, von universellem Charakter ist. Physikalische Theorien können ein Phänomen *beschreiben*, ohne es zu erklären (Galileis freier Fall), oder sie können eine ganze Klasse von Beobachtungen *erklären* (Newtons Apfel und die Mondbahn) und in ihrer Allgemeinheit dabei helfen, auf verwandte Phänomene zu schließen.

Heute sehen wir in den beiden Forschern die Wegbereiter der klassischen Physik schlechthin. Nach Newton haben sich weitere große Denker an die Formulierung einer mathematischen Physik gemacht, auch in anderen Teilbereichen wie der Thermo- und der Elektrodynamik. Im späten 19. Jahrhundert allerdings stieß die neuzeitliche Wissenschaft an ihre Grenzen. In der Elektrodynamik, die die Ausbreitung des Lichtes beschreibt, schien Newtons universelles Prinzip der Invarianz nicht zu gelten. Schnell fanden sich mathematische Tricksereien, mit denen man die Widersprüche auf dem Papier tilgen konnte. Doch die entscheidende Wende, der physikalische Geniestreich, gelang 1905 einem jungen Wilden, dem damals 26-jährigen, völlig unbekannten Albert Einstein. Er hauchte den mathematischen Kunstgriffen Leben ein und war in seinem drangvollen Geist bereit, die Absolutheit von Raum und Zeit aufzugeben – und mit ihr die Macht des menschlichen Vorstellungsvermögens. Einstein schuf eine physikalische Welt, in der die Gesetze der Elektrodynamik (und alle anderen) invariant sind, wie es das Prinzip verlangt.

Von dem kulturellen Erdbeben, das Einsteins *Spezielle Relativitätstheorie* auf Naturwissenschaft, Philosophie und Gesellschaft auslöste, soll hier gar nicht die Rede sein. Wohl aber davon, dass es Einstein damit nicht genug war. Von gleichförmig bewegten ging er über zu beschleunigten Bezugssystemen. Das war ein sehr wesentlicher Schritt, denn er brachte ihn auf eine allgemeine Formulierung des berühmten *Äquivalenzprinzips*. Es besagt, dass die physikalischen Gesetze in einem *gleichförmig beschleunigten* Bezugssystem (zum Beispiel einer Rakete unmittelbar nach dem Start) identisch sind mit denen eines „ruhenden" Systems, das sich in einem Schwerefeld befindet – zum Beispiel ein Mensch auf der Erdoberfläche (Abbildung 1.1). Und andererseits: Wären Sie in einer fensterlosen Raumkapsel eingeschlossen, hätten sie keine Chance festzustellen, ob Sie sich gerade gleichförmig bewegen (d. h. geradeaus mit konstanter Geschwindigkeit), oder aber in einem Schwerefeld frei fallen; in beiden Fällen würden Sie keinerlei Kraft oder „Schwere" verspüren. Sie wären schwerelos, weil Ihre Kapsel exakt derselben Beschleunigung ausgeliefert ist wie Sie selbst[3].

Mit der Behandlung beschleunigter Bezugssysteme führt Einstein also die Gravitation ins Feld. Im Jahre 1916 veröffentlichte er mit seiner *Allgemeinen Relativitätstheorie* (ART) die bis heute anerkannte Theorie der Gravitation. Das Äquivalenzprinzip stellt den Ausgangspunkt der Theorie dar, ihren zugrunde liegenden Gedanken. Aber was sind ihre Resultate? Die zentrale Aussage der ART lautet: Gravitation ist die Wirkung einer Krüm-

Abb. 1.1 Die Allgemeine Relativitätstheorie steht auf der Grundlage des Äquivalenzprinzips: Ein Beobachter ist ohne Sichtkontakt nach außen in einen Raum eingeschlossen. Es gibt kein physikalisches Experiment, mit dem der Beobachter unterscheiden könnte, ob er in einem Gravitationsfeld *ruht* (z. B. auf der Oberfläche der Erde), oder ob er sich jenseits eines Schwerefeldes mit gleichmäßiger Beschleunigung durch den leeren Raum bewegt. In beiden Fällen spürt er ein konstantes Eigengewicht.

---

3   Die bekannten Bilder von schwebenden Astronauten in den Space Shuttles oder der Weltraumstation ISS zeugen vom Äquivalenzprinzip: Die Schwerkraft der Erde ist in einer Höhe von wenigen Hundert Kilometern nur unwesentlich geringer als auf der Erdoberfläche. Der Grund für die „Schwerelosigkeit" der Astronauten ist, dass sie in derselben Weise um die Erde „fallen" wie ihr Fluggerät.

mung oder Verzerrung der Raumes. Und sie sagt, dass ein massebehafteter Körper die Geometrie des ihn umgebenden Raumes verändert. Umgekehrt veranlasst der so verzerrte Raum einen anderen Körper, seinen Bewegungszustand zu verändern; das bedeutet, der Raum übt eine effektive Kraft auf den Körper aus, die wir als Gravitation kennen.

Der Zusammenhang zwischen der Masse eines Körpers und der Geometrie des ihn umgebenden Raumes wird in der ART aufs Genaueste beschrieben durch die Einstein'schen Feldgleichungen. In ihnen laufen die Fäden der Theorie zusammen. Seit ihrer Veröffentlichung 1926 hat sich eine illustre Reihe kluger Köpfe daran versucht, Lösungen der Feldgleichungen zu finden. Der mathematische Apparat der ART ist außerordentlich kompliziert und eine allgemeine Lösung der Feldgleichung gibt es nicht. Stattdessen hat man nach und nach besondere physikalische Szenarien untersucht und eine Reihe spezieller Lösungen entdeckt. Unabhängig voneinander fanden in den frühen 1920er-Jahren der russische Physiker und Mathematiker Alexander A. Friedman (1888–1925) und der belgische Pfarrer und Physiker Georges Lemaître (1894–1966) eine Lösung für **homogene und isotrope**[4] Räume. Homogen und isotrop, das sind grundlegende Prädikate, die wir gemeinhin dem Universum auf großen Skalen zuschreiben. Die einzige Weise, nach der sich die Geometrie eines homogenen und isotropen Raumes zeitlich ändern kann, besteht in der globalen Expansion (oder Kontraktion). Durch die Friedman-Lemaître-Lösung der Feldgleichungen wird ein Universum genau dieser Art beschrieben, eines das sich wie Hefeteig ausdehnt.

Einstein, sonst dem Grenzgang des Verstandes nicht abgeneigt, wollte dieser neuen Sicht zunächst keinen Glauben schenken. Dann, im Jahre 1923, erregte eine Beobachtung des Amerikaners Edwin Hubble (1889–1953) das Aufsehen der Welt. Mit seinem Teleskop am Mount-Wilson-Observatorium konnte er nachweisen, dass sich (bis auf wenige Ausnahmen) alle Galaxien tatsächlich von uns entfernen! An dieser Tatsache kam niemand mehr vorbei, auch Einstein nicht. Die Expansion des Universums wurde zum festen Bestandteil im Weltbild der Astronomen.

Man könnte Lehrbücher mit den Einzelheiten füllen (und man tut es auch), aber wir fassen nur kurz zusammen: Die Gleichungen von Friedman und Lemaître beschreiben in einfacher mathematischer Form die Grobmotorik des Universums als Ganzes. Sie erlauben uns, zu sagen, mit welcher Rate das Universum sich zu welcher Zeit seiner Geschichte ausdehnte oder

---

4   Isotropie bedeutet Richtungsunabhängigkeit: Das Universum sieht auf großen Skalen gleich aus, egal in welche Richtung wir blicken.

ausdehnen wird. Die Friedman-Gleichungen sind ein wahrlich mächtiges Werkzeug der Kosmologie, doch zum wahren Glück fehlen uns noch ein paar konkrete Zahlen.

?   Das Standardmodell der Kosmologie

Wenige Jahre nach der Veröffentlichung von Einsteins Allgemeiner Relativitätstheorie suchten Physiker und Mathematiker nach physikalisch sinnvollen Lösungen der Feldgleichungen, die das Wechselspiel von Raum und Materie beschreiben. Im Jahre 1922 gelang es dem russischen Mathematiker Alexander A. Friedman, eine Lösung zu finden, die auf sehr simplen und allgemeinen Voraussetzungen beruht, nämlich der Isotropie und der Homogenität des Raumes. Man ging davon aus, dass diese Bedingungen das Universum als Ganzes charakterisierten. Friedman formulierte eine Gleichung, die mithilfe einiger *Kosmologischer Parameter* die Dynamik, d. h. das Expansionsverhalten des Universums beschreibt. Die einfachste Version des Modells repräsentiert ein Universum mit *kritischer Materiedichte* ($\Omega_m = 1$, m steht für *Materie*[5]) und ohne *Kosmologische Konstante*. In diesem besonderen Fall expandiert das Universum nach einem einfachen mathematischen Gesetz mit stets abnehmender Rate, bis es einst, in sehr ferner Zeit, zum völligen Stillstand kommt. Wäre die mittlere Dichte des Universums nur ein wenig größer als der kritische Wert, würde es irgendwann wieder kollabieren. Heute wissen wir aber, dass das Universum nur etwa 27 % der kritischen Materiemenge enthält ($\Omega_m = 0,27$); andererseits müssen wir auch eine Kosmologische Konstante $\Omega_\Lambda = 0,73$ berücksichtigen. Das Friedman-Modell postuliert in diesem Fall ein Universum, das zunächst mit abnehmender Rate expandiert, ab einem gewissen Zeitpunkt jedoch immer schneller. Man ist überzeugt, dass wir uns längst inmitten dieser Epoche befinden. Schon vor mehreren Milliarden Jahren hat das Universum die Bremse gelöst und das Gaspedal bis zum Anschlag gedrückt. Der dritte wichtige Parameter des Friedman-Modells, nach der mittleren Dichte Ω_m und der Kosmologischen Konstanten Ω_Λ (oder einfach Λ), ist der Hubble-Parameter H_0, in dem sich die aktuelle Expansionsrate spiegelt. Aus zahlreichen Messungen unterschiedlichster Art kennt man seinen Wert heute mit einiger Zuverlässigkeit, ▶

---

5   Die mittlere Dichte des Universums drückt man üblicherweise über den Parameter Ω aus, der als Verhältnis von *tatsächlicher* zu *kritischer* Dichte definiert ist. $\Omega = 1$ bedeutet, dass die Dichte des Universums gerade dem kritischen Wert entspricht (siehe Band „Expansionsgeschichte"). Zur mittleren Dichte trägt neben der Materiedichte auch eine unverstandene Form von Energie bei, die durch die Kosmologischen Konstante Λ repräsentiert wird. Sie wurde ursprünglich von Einstein selbst eingeführt und wieder verworfen. Heute hat sie ihren festen Platz im kosmologischen Standardmodell. Sie sorgt zum einen für einen Gesamt-Dichteparameter von $\Omega = 1$, zum anderen dafür, dass sich das Universum mit zunehmender Rate ausdehnt.

▶ er beträgt ca. 72 km/sec/Mpc. Das bedeutet: Eine 1 Mpc von uns entfernte Galaxie bewegt sich pro Sekunde um 72 km von uns fort; eine Galaxie in 5 Mpc Entfernung flüchtet entsprechend mit einer Geschwindigkeit von 5 × 72 km/sec = 360 km/sec von uns.

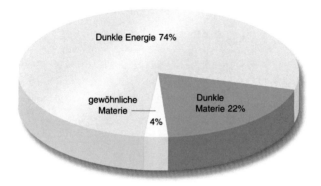

Abb. 1.2 Die mittlere Dichte im Kosmos entspricht genau dem kritischen Wert der Friedman-Gleichung. Der Energiegehalt des Universums setzt sich zusammen aus den dargestellten Komponenten.

Das Friedman-Modell wurde zeitgleich von dem belgischen Priester und Kosmologen Georges Lemaître entwickelt, man spricht deswegen häufig (und korrekterweise) vom Friedman-Lemaître-Modell. Bis heute gilt die Arbeit der beiden Kosmologen als Standardmodell der Kosmologie.

Die kosmologischen Parameter

Das Universum expandiert, so viel wissen Sie nun, und natürlich wussten Sie es schon vorher. Seit den Arbeiten von Friedman und Lemaître ist es im Grunde möglich, den Verlauf der Expansion minutiös nachzuvollziehen und vorauszusagen. Im Grunde, aber nur wenn ... ja *wenn* ... – was kommt denn jetzt wieder?

Nun, offensichtlich wurde das Universum am Beginn seines Daseins mit einer Art innerem Druck versehen, einem auslösenden Impuls, der bis heute in der Expansion nachwirkt. Oder aber es verspürte einen Druck oder Zug, der bis heute anhält und dem es nachgeben muss wie ein Gummiband, das

Tabelle 1.1 Entfernungs- und Masseneinheiten. In der Kosmologie werden Entfernungen üblicherweise in Einheiten von *Megaparsec* (Mpc) angegeben. 1 Parsec (pc) sind 3,26 Lichtjahre, ein Mpc entsprechend 3,26 *Millionen* Lichtjahre und somit $3{,}26 \times 10^6 \times 9{,}46 \times 10^{12}$ km = $3{,}08 \times 10^{19}$ km, also etwa Dreißigmillionen Billionen Kilometer. Massen gibt man stets als Vielfaches der Sonnenmasse an. Wir wollen uns im Weiteren stets an diese Konvention halten.

Entfernungen				
1 Lichtjahr	**1 Lj**	$9{,}46 \times 10^{12}$ km	—	—
1 Parsec	**1 pc**	3,26 Lj	$30{,}8 \times 10^{12}$ km	—
1 Kiloparsec	**1 kpc**	1000 pc	3262 Lj	$3{,}08 \times 10^{16}$ km
1 Megaparsec	**1 Mpc**	1 Million pc	$3{,}26 \times 10^6$ Lj	$3{,}08 \times 10^{19}$ km
1 Gigaparsec	**1 Gpc**	1 Milliarde pc	$3{,}26 \times 10^9$ Lj	$3{,}08 \times 10^{22}$ km
Massen				
1 Sonnenmasse	**1 $M_\odot$**	2×10^{30} kg		

wir auseinanderziehen, oder eine Seifenblase, die sich aufbläht, solange wir hineinpusten. Wie dem auch sei; wollen wir den zeitlichen Verlauf der kosmischen Expansion bestimmen, so müssen wir auch wissen, wie heftig das Universum einst angestoßen wurde. Aber *das* herauszufinden ist ganz und gar unmöglich! Wir können aber sehr wohl messen, wenigstens im Prinzip, wie rasch es heute noch expandiert. Aus zahlreichen Beobachtungen unterschiedlichster Art schätzt man, dass das Universum sich in der gegenwärtigen Epoche mit einer Rate von etwa 72 km/s/Mpc ausdehnt. Schön, und was heißt das? Diese Zahl sagt uns, dass sich eine x Mpc von der Erde entfernte Galaxie mit $x \times 72$ km/s von der Erde entfernt. Eine Galaxie in 25 Mpc Distanz würde sich also mit 25×72 km/s = 1 800 km/s von uns fortbewegen. Die Zahl 72 km/s/Mpc gehört zu einer kleinen Reihe von Parametern, die gewissermaßen den Zustand des Universums charakterisieren. Zu Ehren des Entdeckers der kosmologischen Expansion, Edwin Hubble, nennen wir diese Zahl die *Hubble-Konstante*.

Hubble-Konstante: $H_0 = 72$ km/s/Mpc

Mit der Hubble-Konstante, einer einzigen Zahl also, können wir den Grad der kosmischen Expansion unserer heutigen Epoche ausdrücken, das ist schon mal etwas.

Uns hat aber nicht nur das *heutige* Universum zu interessieren. Ebenso gerne möchten wir wissen, wie das Universum zu einer beliebigen Zeit in der Vergangenheit oder Zukunft ausgesehen hat oder aussehen wird. Wir brauchen deshalb Informationen darüber, ob und wie sehr sich das Universum seiner Expansion entgegenstemmt. Ein Luftballon zum Beispiel leistet durch die Spannung seiner Oberfläche einen deutlich spürbaren Widerstand, während er aufgeblasen wird. Nun, solange sich das Universum ausdehnt, trägt der expandierende Raum alle großen Strukturen mit sich und treibt die Galaxien, Galaxienhaufen und Superhaufen auseinander. Dies geschieht natürlich gegen den Drang aller massebehafteten Objekte, sich gemäß ihrer Gravitation gegenseitig anzuziehen. Ein Stein, den Sie senkrecht nach oben werfen, wird mit zunehmender Höhe seine Geschwindigkeit verlangsamen, für einen Moment stillstehen und dann schließlich mit zunehmender Wucht zurück zur Erde sausen. Die Gesamtenergie, die Summe aus Bewegungs- und Lageenergie, bleibt während dieses Vorgangs zu jedem Zeitpunkt konstant. Ähnliches könnte auch auf das Universum zutreffen: Durch die anfängliche Wucht mit einer gewissen Expansionsrate versehen, könnte es seine Ausdehnung im Laufe der Zeit verlangsamen und durch die letztlich obsiegende Kraft der Gravitation wieder in sich zusammenfallen. Diese Möglichkeit hat man in der Tat lange diskutiert. Es könnte aber ebenso gut sein, dass der Anstoß am Beginn der Zeit so heftig war, dass die Gravitation selbst aller Materie im Kosmos nie in der Lage wäre, der kosmischen Expansion Einhalt zu gebieten.

Aber wovon hängt es ab, welchen Weg das Universum geht? – ob es seine Expansion ewig fortsetzt, oder irgendwann, in ferner Zukunft, innehält und in sich zusammenstürzt? Es scheint plausibel, dass es am Widerstand hängt, den das Universum gegen die Expansion leisten kann – und damit an der Gesamtheit der Gravitationswirkung im Kosmos. Die Gravitation im Universum wird aber bestimmt durch seine Masse, d. h. von der Summe der Massen aller Planeten, Sterne und Galaxien und aller Materie, gleich welcher Natur oder Erscheinungsform. Im Buch über die „Expansionsgeschichte des Universums" der vorliegenden Reihe habe ich ausführlich erklärt, wie die Friedman-Lemaître-Gleichungen eine Beziehung zwischen der Masse (bzw. Dichte) des Universums und seiner Dynamik herstellen. Wir wollen uns hier nicht in Details verstricken, sondern auf den Punkt kommen: Die Friedman-Gleichung lehrt uns, dass das Schicksal des Universums durch seinen Dichteparameter bestimmt wird, d. h. durch seinen mittleren Materie-/Energiegehalt pro Kubikmeter. 23 % der kosmischen Energiedichte liegen in Form von Materie vor, die versucht, der Expansion die Bremse anzulegen. Der dominante Anteil der Energie im Universum rührt aber von der Kosmologischen Konstante her. Sie sorgt für einen dauerhaften Antrieb, der den Raum immer rasanter auseinandertreibt und das für alle Zeiten.

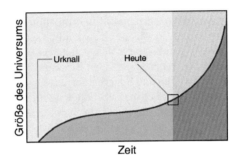

Abb. 1.3 Während der ersten 7–8 Milliarden Jahre, solange das Universum von der globalen Gravitation dominiert ist, verlangsamt sich die kosmologische Expansion mit der Zeit. Inzwischen wird die Wirkung der Gravitation von der Dunklen Energie übertroffen das heutige Universum expandiert deshalb immer schneller.

Strahlung aus der Kindheit des Universums

Die Idee der kosmischen Expansion war eine Zwillingsgeburt. Lemaître formulierte als Erster den Gedanken, dass eine fortwährende kosmische Expansion zwangsläufig auf einen *Beginn* des Universums in einer fernen Vergangenheit hindeuten könnte. So entstand in seiner Vorstellung das Bild eines *Uratoms*, das alle Materie und Energie im Augenblick der kosmischen Geburt, zusammengeballt auf winzige Dimensionen, in sich tragen sollte – ein Konzept, das im Laufe der Zeit zu vollem Leben erblühen sollte. Nach den Gesetzen der klassischen Thermodynamik muss der expandierende Kosmos mit zunehmender Ausdehnung immer kühler werden[6]. Umgekehrt sollte aber das junge Universum mit seiner ungeheuren Dichte

---

6 Bestimmt haben Sie schon einmal Dampf aus einem Druck-Kochtopf abgelassen. Dabei waren Sie hoffentlich vorsichtig genug, Ihre Finger nicht an die Austrittsöffnung zu legen; Sie hätten mit einem grellen Schrei Ihren teuren Topf fallen lassen. Halten Sie Ihre Hand 40–50 cm von der Öffnung entfernt in den Dampfstrahl, werden Sie die Wärme ohne Weiteres ertragen. Dort nämlich hat sich der Dampfstrahl um ein Vielfaches seines ursprünglichen Querschnittes verbreitert und dadurch – in nur einer Zehntelsekunde – enorm abgekühlt. Vorsicht beim Ausprobieren!

an Materie und Strahlung beliebig hohe Temperaturen erreichen, wenn wir den Film seiner Geschichte rückwärts abspielen bis zum Urknall. Stimmen wurden laut, die Gluthitze des jungen Universums müsse der heutigen Welt ein Relikt hinterlassen haben, thermische Strahlung, durch die Expansion stark abgekühlt und mit Teleskopen auf der Erde nachweisbar. 1965 gelang den beiden Amerikanern Arno Penzias und Robert Wilson die zweite kosmologische Entdeckung des Jahrhunderts (nach Hubbles Expansion): Ganz, wie es die Vordenker ersannen, berichteten die beiden Physiker von einer sehr kalten Mikrowellenstrahlung, die sie aus allen Richtungen des Himmels mit ihrer Hornantenne einfingen. Schnell war die Fachwelt sich der Tragweite dieser Entdeckung bewusst: Das Universum musste tatsächlich als dichter Glutball begonnen haben. Die Theorie des Urknalls stand nun auf festem Boden, sie tut es bis heute.

Die Strahlung, die Penzias und Wilson 1965 eher zufällig entdeckten, bezeichnet man als *kosmische Hintergrundstrahlung* oder *Mikrowellenhintergrund*. Wegen der unhandlichen Bezeichnung verwendet man meist lieber die Abkürzung *CMBR* (*Cosmic Microwave Background Radiation*). Sie stellt eines der wichtigsten Beweismittel der Urknalltheorie dar und erweist den Kosmologen gerade in der heutigen Zeit unschätzbare Dienste.

Schon in den 70er- und 80er-Jahren ließ man einige unbemannte Ballons in die oberen Schichten der Atmosphäre steigen. Mit empfindlichen Geräten ausgestattet, nahmen sie erste genauere Vermessungen der *CMBR* vor. Einen Wendepunkt in der Erforschung der Hintergrundstrahlung markiert das Jahr 1989. Damals schoss die NASA den Satelliten *COBE* (*COsmic Background Explorer*) auf eine Erdumlaufbahn. Es war die erste Satellitenmission, die hauptsächlich der Hintergrundstrahlung gewidmet war, und ihr Erfolg war spektakulär. Nicht nur, dass man mit erstaunlicher Präzision das theoretisch erwartete Strahlungsspektrum des Mikrowellenhintergrundes bestätigen konnte. Erstmals entdeckte man in der außergewöhnlich homogenen Strahlung auch winzigste Intensitätsschwankungen. In ihnen erkannte man die Dichteschwankungen des frühen Universums, die Saat der kosmischen Strukturen, aus denen sich später die Sterne und Galaxien bilden sollten.

Die kosmische Hintergrundstrahlung ist in der Tat ein Relikt aus den frühesten Kindertagen des Universums. Sie entstand etwa 380 000 Jahre nach dem Urknall, als die Temperatur im Universum unter 1500 Kelvin fiel. Zu dieser Zeit verbanden sich die freien Elektronen und Protonen zu neutralen Atomen. Die heiße, energiereiche Strahlung, die seit dem Urknall den gesamten Kosmos durchsetzt, konnte daraufhin zum ersten Mal frei durch den Raum driften, ohne von den geladenen Teilchen ständig gestreut und abgelenkt zu werden. Seither ist das Universum von der „befreiten" Strahlung erfüllt, und noch heute können wir sie nachweisen. Im 5. Kapitel dieses Bandes wird noch viel von der *CMBR* die Rede sein, wenn es um die Entwicklung der frühen Dichtefluktuationen geht.

Die kosmologische Rotverschiebung

Wir wollen noch einen zentralen Begriff einführen, der den Kosmologen gleichermaßen als Zeitskala und Entfernungsleiter dient.

Das Licht ferner Galaxien hat gewaltige Distanzen zurückzulegen, um uns zu erreichen. Trotz seiner – gemessen an unserer täglichen Erfahrung – ungeheuren Geschwindigkeit von 300 000 km pro Sekunde benötigt das Licht deswegen Dutzende, Hunderte oder gar Tausende von Millionen Jahren. Während dieser Zeit expandiert das Universum um einen gewissen Faktor und zieht alle Distanzen in die Länge. Auf einem Luftballon, den Sie mit einigen „Galaxien" bemalen und anschließend aufblasen, können Sie sich das leicht veranschaulichen. Das Licht, das von einer Galaxie zur anderen reist, könnten Sie durch einen Wellenzug repräsentieren, der die beiden Galaxien verbindet. Während sie den Luftballon weiter aufblasen, können Sie dann beobachten, wie sich auch die Abstände der Wellenberge und -täler in die Länge ziehen.

Reale Lichtwellen, die über Milliarden von Jahren zu uns reisen während sich das Universum ausdehnt, unterliegen genau demselben Effekt. Diese Streckung der Wellenlänge von Licht, Infrarot-, Röntgen- oder Radiostrahlung nennen wir „Rotverschiebung", da die Farbe Rot das langwellige Ende des sichtbaren Spektrums markiert.

Durch die Messung der Rotverschiebung eines bestimmten Objektes können wir also leicht herausfinden, vor wie langer Zeit die Reise der Lichtstrahlen begonnen hat und über welche Distanz sie ging. Jeder Rotverschiebungswert repräsentiert also einen festen kosmologischen Zeitpunkt! Große Distanzen oder vergangene Zeitalter drückt man immer durch die Rotverschiebung z aus. Die Kosmologen reden deshalb am Morgen, mittags und am Abend von ihr. Dann heißt es „das Universum bei z gleich 1,5 . . ." oder „eine Supernova bei z gleich 0,8 . . ." und dergleichen. Unserem heutigen Universum können wir $z = 0$ zuordnen, da wir ein Objekt in unmittelbarer Nähe natürlich nicht rotverschoben wahrnehmen. Vor etwa 7 1/2 Milliarden Jahren hatte das Universum die Hälfte seiner heutigen Größe: Dieser Epo-

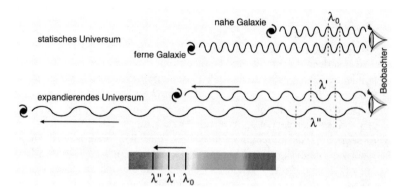

Abb. 1.4 Durch die Expansion des Universums werden auch die Lichtwellen weit entfernter Objekte in die Länge gezogen. Je größer die Distanz einer Galaxie zur Erde ist, umso stärker werden ihre Lichtwellen auf dem Weg zu uns gestreckt. Das Spektrum der Strahlung solcher Galaxien erscheint uns in den langwelligen (d. h. in den roten) Bereich verschoben ($\lambda_0 \to \lambda' \to \lambda''$).

che entspricht einer Rotverschiebung $z = 1$. Die Zeit, als das Universum ein Drittel seiner heutigen Größe hatte, markieren wir mit $z = 2$ und so fort.

Ab dem dritten Kapitel verfolgen wir den oben erwähnten Weg von der Ursuppe zur Galaxie weitgehend chronologisch und beschäftigen uns im Detail mit den entscheidenden Epochen und Ereignissen. Bevor auch nur *ein* Stern seinen ersten Lichtstrahl aussendet oder die erste Verdichtung von Materie entstehen kann, müssen geeignete Bedingungen im Universum geschaffen sein, die wir ausführlich diskutieren werden. In der frühen Phase der Strukturbildung etwa ist es von entscheidender Bedeutung, dass die Energiedichte der Materie nach etwa 30 000 Jahren die Oberhand über die zunächst dominierende Strahlung gewinnt. Erst dann ist die geheimnisvolle „Dunkle Materie" in der Lage, dem durch ihre Eigengravitation verursachten Bestreben nachzukommen und erste lokale Überdichten auszubilden. Die gewöhnliche baryonische[7] Materie dagegen, aus der die Sterne und

---

7 Unter Baryonen verstehen wir, einfach gesagt, gewöhnliche, sichtbare Materie. Im strengen Sinne der Hochenergiephysik meint der Begriff Teilchen, die aus drei Quarks zusammengesetzt sind. In der Astronomie fallen allerdings auch Leptonen (Elektron, Myon, Tauon) und aus zwei Quarks zusammengesetzte Teilchen (Mesonen) unter die Bezeichnung. Man schert sich in der Astronomie wenig um die sprachlichen Konventionen anderer Bereiche und nennt z. B. alle Elemente außer Wasserstoff und Helium „Metalle".

Galaxien entstehen, ist noch lange nicht so weit, und das aus einem simplen Grund: Bei den hohen Temperaturen, die zu jener Zeit noch immer herrschen, sind praktisch alle Atome **ionisiert**. Das heißt, die Elektronen in den Hüllen der Wasserstoff- und Heliumatome sind nicht an die Atomkerne gebunden. Im Gegensatz zu neutralen Atomen (in denen sich die entgegengesetzten Ladungen der Protonen und Elektronen kompensieren) kann die elektromagnetische Strahlung an die geladenen Teilchen *koppeln*. Dadurch sind sie einem permanenten **Strahlungsdruck** ausgesetzt. Dieser Umstand verhindert ein Zusammenklumpen der baryonischen Materie in ähnlicher Weise, wie ein starker Wind unsere Bemühung vereitelt, verstreutes Laub auf einen kleinen Haufen zu kehren. Nach ca. 380 000 Jahren ist das Universum schließlich so weit abgekühlt, dass sich neutrale Atome bilden können, die nicht mehr an das Strahlungsfeld gebunden sind. Nun endlich können sich im baryonischen Gas eigene Dichteschwankungen ausbilden, indem es in die bereits entstandenen Potenzialmulden (d. h. überdichte Regionen) der dominierenden Dunklen Materie zu fließen beginnt.

Durch diesen andauernden Prozess verdichten sich die Dunkle und baryonische Materie in einigen Regionen immer weiter. Es entstehen Massenansammlungen, die unter ihrem eigenen Gewicht gleichsam kollabieren und sich von der globalen Expansion des Universums abkoppeln. Auf diese Weise formen sich eigenständige, gravitativ gebundene Gebilde, hauptsächlich aus Dunkler Materie, die sogenannten „Dunklen Halos". Sie führen ein unabhängiges Dasein, verschmelzen aber bei nahen Begegnungen zu immer massereicheren Strukturen und bilden zu guter letzt die Geburtsstätten der Galaxien.

Kapitel 2

Die Vielgestalt der Galaxien

Galaxien sind die Bausteine des Universums. Wir werfen einen Blick auf ihre Vielgestalt und ihre Verteilung im Raum. Eine Stimmgabel wird uns dabei wertvolle Dienste leisten. Und *kosmologische Struktur*, was ist das überhaupt?

„Kosmologische Strukturbildung" lautet der Titel dieses Bandes, und man sollte wenigstens ein paar Worte darüber verlieren, was wir unter kosmologischen Strukturen eigentlich verstehen wollen. Nun, zunächst einmal, möchte ich meinen, verstehen wir unter einer „Struktur" alles, was sich irgendwie von einer gleichförmigen, homogenen Umgebung abhebt. Also eine Mücke zum Beispiel oder dieses Buch. Beide enthalten pro Kubikmillimeter wesentlich mehr (und andere) Atome als die Luft, die sie umhüllt, sonst würden wir sie nicht als Struktur erkennen. Sie erkennen die schwarzen Buchstaben vor dem weißen Hintergrund dieser Seite, weil sich die Farbpigmente, aus denen sie bestehen, von jenen des leeren Papiers unterscheiden. Nicht anders verhält es sich mit den Himmelskörpern, den Strukturen im Universum. Alles, was wir am Himmel sehen oder messen können, sei es ein Planet unseres Sonnensystems oder eine ferne Galaxie, ist letztlich das Ergebnis einer extremen Verdichtung von Materie, die sich von der Leere des Alls abhebt.

Aber wir sprechen von Strukturen auch im Sinne einer Ordnung, die sich einst aus dem Chaos des jungen Universums heraus gestaltete. Aus der Monotonie des diffusen Gases, der Strahlung und der Dunklen Materie, die den Kosmos annähernd gleichförmig erfüllten, formten sich Galaxien und Sterne, ja sogar Leben – Strukturen von denkbar höchsten Ordnungsgraden.

Sterne scheinen sich gerne mit Gleichgesinnten zusammenzutun. Wann immer Sie im Universum einem Stern begegnen, können Sie sich darauf verlassen, dass der nächste nicht weit ist. Dann wieder, auf Ihrer Reise von Galaxie zu Galaxie, werden Sie über Millionen von Lichtjahren vergeblich Ausschau halten nach ein paar Sternen zum Aufwärmen.

Die Galaxien ihrerseits, Heimstätten von hundert Milliarden Sonnen oder mehr, sind von zweierlei Charakter: Manche lieben die Geselligkeit gemütlicher Gruppen oder riesiger Haufen (gleich Dörfern und Städten), wo sie Milliarden von Jahren damit verbringen, sich gegenseitig zu umkreisen und gelegentlich mit einem Nachbarn zu verschmelzen. Andere, meist Spiralgalaxien, ziehen die Einsamkeit vor und driften abseits aller Betriebsamkeit durch Raum und Zeit.

Von groß angelegten Beobachtungskampagnen, aber auch von Computersimulationen, wissen wir, dass das Universum auf seinen größten Skalen durchzogen ist von einer netz- oder schaumartigen Struktur aus Galaxien und Galaxienhaufen. (Abbildung 2.1). Und je tiefer unser Blick hinausreicht ins All, umso mehr bietet sich der Eindruck, dass das Universum auf großen Skalen zunehmend homogener wird: Wenn wir in Gedanken einen 1000 Lichtjahre großen Würfel irgendwo aus dem Universum schneiden, dürfen wir durchaus gespannt sein, was wir darin finden: Vielleicht haben wir zufällig den Randbereich einer Galaxie gewählt, so dass wir zahlreiche Sterne darin sehen und jede Menge Gas und Staub. Vielleicht, mit etwas Glück, haben wir sogar das Zentrum einer gewaltigen elliptischen Galaxie getroffen, und es wimmelt nur so von dicht gedrängten roten, alten Sternen. In den allermeisten Fällen werden wir jedoch in gähnende Leere greifen.

Lassen Sie uns deshalb unbescheidener sein und einige Riesenwürfel mit Kantenlängen von 500 Millionen Lichtjahren irgendwo aus dem All sezieren, mal hier, mal dort. Jetzt wird der Inhalt dieser Boxen jedes Mal recht ähnlich aussehen. Wir werden Millionen von Galaxien darin finden, schön aufgeräumt zu dicken Fäden und Wänden, die riesige Leerräume – „Voids" – einschließen. Das ist gemeint, wenn vom *homogenen* Universum die Rede ist. „*Homogen*" bedeutet nicht *glatt* oder *strukturlos*, wie das Innere eines Eisenwürfels. Es bedeutet vielmehr, dass sich keine Region des

Abb. 2.1 Computersimulation der großskaligen Strukturen im Universum. Die ▶ Materie in einem Würfel von ca. 700 Mpc Kantenlänge wird in der Simulation von etwa 10 Milliarden virtuellen Teilchen repräsentiert. Ein Supercomputer des Max-Planck-Instituts für Astrophysik in Garching berechnete einen Monat lang die Entwicklung der kosmischen Strukturen beginnend bei sehr hohen Rotverschiebungen bis $z = 0$ (heute), indem er die physikalischen Wechselwirkungen der Teilchen in kleinen zeitlichen Schritten verfolgte. Man erkennt das Netz der Filamente aus Dunkler Materie. In ihren Knotenpunkten befinden sich die massereichen Galaxienhaufen. Von den Filament-Wänden eingeschlossen werden riesige Voids (Leerräume) mit Durchmessern von 100 Mpc. Die abgebildete Simulation, der „Millennium Run", wurde durchgeführt mit der weltweit verwendeten Software GADGET-2 von Volker Springel (MPA Garching). Mehr zum Millennium Run auf der Webseite www.mpa-garching.mpg.de/galform/virgo/millennium/.

Universums grundlegend von allen anderen unterscheidet. Das Universum ist homogen wie ein Schwamm oder ein Netz, nicht wie ein Diamant oder das Wasser eines ruhigen Sees.

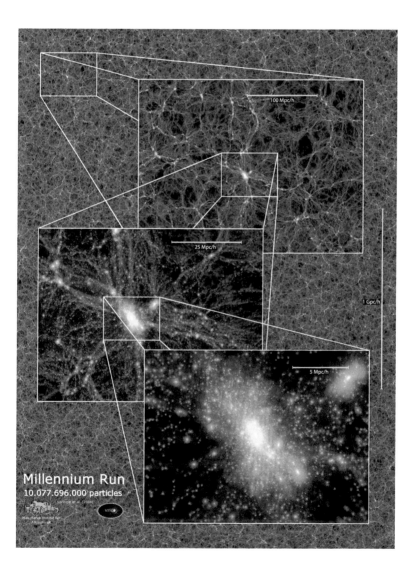

Es versteht sich von selbst, dass die Strukturen im All nicht schon immer da waren. Planeten und Sterne, Galaxien und Filamente – alles musste sich in irgendeiner Weise aus einem Zustand der Symmetrie herausschälen. Aus dem täglichen Leben sind wir gewohnt, dass „losgelassene" Systeme den umgekehrten Weg gehen: Aus Ordnung entsteht Unordnung. Denken Sie nur an ein aufgeräumtes Kinderzimmer, das man einen Nachmittag lang dem Treiben außer Kontrolle geratener Zöglinge überlässt. Das Universum hat es irgendwie und von sich aus geschafft, aus dem Chaos seiner Jugend Strukturen von hoher Ordnung hervorzubringen.

Wenn man den Weg der kosmologischen Strukturbildung nachgehen will, mag man sich zunächst auch fragen, wohin sie bis heute eigentlich geführt hat. Zum menschlichen Leben? Sicher. Aber manch einem (und ich gehöre dazu) wird das zu anthropozentrisch sein, zu sehr auf uns selbst bezogen. Dann vielleicht zur Erde? Auch in der Erde sehen wir nur deswegen etwas Besonderes, weil wir zufällig auf und von ihr leben. Es gibt bei Weitem majestätischere Planeten, alleine in unserem Sonnensystem. Aber betrachten wir die Frage durch die Brille der Kosmologen. Das, was die Zelle für das Leben ist oder der Ziegel für das Haus, sind die Galaxien für das Universum! *Sie* sind die Bausteine der kosmischen Architektur. Und sie sind gleichzeitig der Übergangsbereich von der „lokalen" Astronomie zur Kosmologie.

Hubbles Klassifikation

Einer der Ersten (und unter den Ersten der Bedeutendste), die sich mit der Vielfalt der Galaxien beschäftigte, war wieder einmal Edwin Hubble. Auf dem Weg zu seiner historischen Entdeckung der kosmischen Expansion beobachtete und analysierte er eine große Anzahl naher und sehr ferner Galaxien. Einige Jahre später ging er daran, Ordnung in die Vielgestalt zu bringen, die er durch sein Teleskop fand. Noch heute verwenden die Astronomen und Kosmologen in aller Welt ein Schema zur Klassifikation der Galaxien, das auf den als hochnäsig verschrieenen Altmeister zurückgeht.

Wegen seiner Topologie bezeichnet man das Schema oft als **Stimmgabel-Diagramm**. Das Prinzip ist simpel. Es gibt Elliptische, Spiral- und Irreguläre Galaxien. Die Elliptischen lassen sich schön danach unterteilen, wie ausgeprägt ihre ovale Struktur oder *Elliptizität* ist. Man spricht von einer E0-Galaxie, wenn sie scheinbar vollkommen rund ist, und von einer E7,

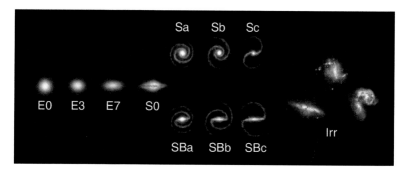

Abb. 2.2 Nach Hubbles Stimmgabel-Diagramm teilen wir Galaxien ein in Elliptische, Spiralen, Balkenspiralen und Irreguläre.

wenn sie stark abgeplattet aussieht. Edwin Hubble ging ursprünglich davon aus, dass das Diagramm eine Entwicklungssequenz repräsentiert. Nach seiner Ansicht sollten elliptische Galaxien grundsätzlich einer früheren Generation angehören, aus denen die Spiralen hervorgehen. Diese Ansicht ist heute längst überholt, dennoch hat sich der Begriff der „frühen Galaxien" („*early type galaxies*") etabliert und bis heute gehalten.

Von den Spiralgalaxien, den „späten" oder *„late type galaxies"*, gibt es zwei Unterklassen. Zum einen die normalen, zum anderen solche, die mit einem Balken ausgestattet sind. Dazu gleich mehr. Schließlich gibt es eine Sorte von Galaxien, die sich nicht in dieses Schema ordnen lassen – die *Irregulären Galaxien*. Sie werden mit Recht als Außenseiter behandelt, denn sie sind nicht nur anders, sondern auch sehr selten, wenigstens im heutigen Universum.

? Sterne und Sternpopulationen

Von den exotischen *aktiven Galaxien* einmal abgesehen kann man sagen: Das Licht der Galaxien ist das Licht ihrer Sterne. An ihnen kommen wir auf Dauer nicht vorbei, wenn wir von den Galaxien sprechen. Sterne – ein Thema, das Bibliotheken füllt. Auch in der vorliegenden Reihe wurden ihnen bereits zwei eigene Bände gewidmet. Wir wollen hier in aller Kürze zusammentragen, was man über sie wissen sollte.

Die meisten Sterne bestehen zum allergrößten Teil aus Wasserstoff und Helium. Je nach Alter mischen sich kleinere oder größere Anteile schwerer Elemente darunter, die sie selbst erzeugen. Anders als die Pla- ▶

▶ neten leuchten die Sterne aus eigener Kraft. Sie schöpfen ihre Energie während der längsten Zeit ihres Lebens aus der Fusion (Verschmelzung) von Wasserstoff-Kernen zu Helium. Geht der Vorrat an Wasserstoff zur Neige, verbrennen sie eben das Helium zu Kohlenstoff. Auf diese Weise erzeugen die Sterne im Laufe ihres Lebens schwere Elemente, was für die Entwicklung der Galaxien von großer Bedeutung ist. Solange ein Stern Wasserstoff verbrennt, sagt man, er befinde sich auf der *Hauptreihe*[1]. Im Zentrum eines Sterns, dort, wo die Kernfusion abläuft, herrschen Temperaturen von bis zu einigen zehn Millionen Grad. Seine Oberfläche ist je nach Masse mit 3000 K–40 000 K vergleichsweise kühl (Sonne: 5800 K).

Jeder Stern durchläuft eine komplexe Entwicklung, die im Wesentlichen durch sein Geburtsgewicht vorbestimmt ist. Sobald das Wasserstoffbrennen endet, nach der *Hauptreihenphase*, hängt die weitere Entwicklung wesentlich von der Masse des Sterns ab. Ein Stern von weniger als $8\,M_\odot$ bläht sich zunächst zum *Roten Riesen* auf. Während dieser Zeit verbrennt er Helium zu Kohlenstoff. Anschließend stößt er seine gesamte Hülle ab und hinterlässt einen *Weißen Zwerg*, der über Milliarden von Jahren abkühlt, bis er schließlich erlischt.

Massereichere Sterne vom 8-fachen Gewicht der Sonne (oder mehr) fusionieren und erzeugen nach dem Hauptreihenstadium Elemente wie Helium, Kohlenstoff und Sauerstoff, bis hin zum Eisen. Aus der Verschmelzung von Eisenkernen mit anderen Elementen lässt sich keine Energie mehr „gewinnen", weshalb die Fusion hier zum Ende kommt. Den Tod schon vor Augen, wird der Eisenkern eines massiven Sterns instabil und implodiert. Dadurch entsteht eine extrem energiereiche Schockwelle, die den Stern von innen nach außen durchläuft und dessen gesamtes Material in das All hinausschleudert. Solche **Supernova**-Explosionen gehören zu den energiereichsten lokalen Ereignissen im Universum.

Sterne von mittelhoher Masse hinterlassen nach dieser Explosion einen sogenannten **Neutronenstern** – das kompakteste Gebilde im Universum nach den Schwarzen Löchern! Der Druck im Innern eines Neutronensterns ist so hoch, dass er die Struktur selbst der Atome vollständig zerstört: Die Elektronen werden gleichsam in den Atomkern gequetscht und vereinen sich dort mit den Protonen zu Neutronen. Neutronensterne sind nur wenige Kilometer groß, allerdings wiegt ein einziger Kubikzentimeter ihres Materials eine Milliarde Tonnen! ▶

---

1   Der Begriff kommt aus dem sogenannten *Hertzsprung-Russel-* oder *Farben-Helligkeits-Diagramm*, einem visuellen Schema der Stern-Entwicklung. Wasserstoffbrennende Sterne belegen in diesem Diagramm eine dicht bevölkerte Diagonale, die Hauptreihe. Endet die Wasserstoff-Brennphase, wechselt der betreffende Stern von der Hauptreihe z. B. in den Riesenast, je nachdem, welche Entwicklung ihm vorbestimmt ist.

▶ Übersteigt die Masse des Neutronensterns drei Sonnenmassen, kommt es zu einem noch dramatischeren, finalen Kollaps, bei dem ein Schwarzes Loch entsteht. Man vermutet, dass Supernovae bei der Entwicklung von Galaxien eine wichtige Rolle spielen. Sie injizieren große Mengen thermischer und kinetischer Energie in das Gas, wodurch sie unmittelbaren Einfluss auf die Sternentstehung und andere Prozesse nehmen. Außerdem entstehen dabei in kürzester Zeit noch schwerere Elemente als Eisen, die ebenfalls unter das interstellare Medium gemischt werden.

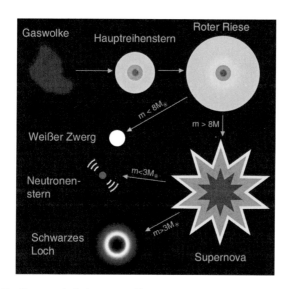

Abb. 2.3 Eine vereinfachte Darstellung der Entwicklungslinien eines Sternes. Massearme Sterne wie die Sonne enden als Weißer Zwerg. Schwere Sterne explodieren am Ende ihres Lebens als Supernova und hinterlassen einen Neutronenstern oder, im extremen Fall, ein Schwarzes Loch.

Die allerwichtigste Kenngröße eines Sterns ist seine Masse, an ihr hängt praktisch alles. Ein massereicher Stern erzeugt einen sehr hohen Druck und hohe Temperaturen in seinem Fusionskern. Die Energieumwandlung läuft dadurch effektiver ab, und die Brennstoffe werden schneller verbraucht. Dies beschert dem Stern ein heißes, aber wesentlich kürzeres Leben. Während die Sonne ($M = 2,0 \times 10^{30}$ kg) um die zehn Milliarden Jahre auf der Hauptreihe verweilen wird, dauert das Wasserstoffbrennen eines heißen, massereichen Sterns nur wenige zehn Millionen Jahre. ▶

▶ Sterne haben unterschiedliche Farben, die sich im Wesentlichen aus ihrer Temperatur ergeben. Die Strahlung kühlerer (d. h. kleinerer) Sterne ist energieärmer und daher von größerer Wellenlänge. Ihr Licht erscheint uns deshalb rötlich. Im Gegensatz dazu leuchten sehr heiße Sterne intensiver im kurzwelligen blauen Licht. Ein hohes Vorkommen blauer Sterne in einer Galaxie verrät uns somit, dass es in dieser Region aktuell oder in jüngerer Vergangenheit zu einer regen Sternentstehung kam; den blauen Sternen bleibt wegen ihrer geringen Lebenserwartung kaum Zeit, ihre Wiege überhaupt zu verlassen.

Das interstellare Gas wurde erst im Verlauf der kosmischen Geschichte mit dem Ableben von Milliarden Sternen mehr und mehr mit schweren Elementen angereichert (bzw. mit *Metallen*, wie man in der Astronomie vereinfachend sagt). Ihr Anteil an der Masse eines Sterns dient deswegen als Indikator für dessen *Entstehungsepoche*. Über den Begriff der *Metallizität* unterteilt man die Sterne in Populationen. Sterne der *Population I* gehören der jüngeren Generation an. Sie zeichnen sich durch hohe Metallizitäten aus, denn als sie entstanden, war das interstellare Medium bereits angereichert. Unsere Sonne gehört zu dieser Klasse. Die älteren *Population-II*-Sterne enthalten dagegen viel weniger Metalle. Die ersten Sterne im Universum entstanden aus dem reinen primordialen, metallfreien Wasserstoff-/Heliumgas. Für sie hat man die *Population III* reserviert. Solche Sterne bis heute weder entdeckt, noch erwartet man, jemals welche zu finden. Man geht davon aus, dass es sich bei ihnen um besonders massereiche Exemplare handelte (bis zu 100 $M_\odot$), weswegen sie seit vielen Milliarden ausgestorben sein müssen.

Elliptische Galaxien

Von allen Galaxien haben die Elliptischen auf den ersten Blick die einfachste Struktur. Sie gleichen einem simplen Oval, das manchmal mehr einem Kreis ähnelt, ein andermal eher einem Baseball. Im Unterschied zu einem Baseball können die Elliptischen oder E-Galaxien aber von *triaxialer* Struktur sein, das heißt, ihre drei Achsen können unterschiedlicher Länge haben. Durch unsere Teleskope sehen wir natürlich nur eine zweidimensionale Fläche. Um ihre genaue Struktur bestimmen, vermisst man die Linien gleicher Helligkeit, die *Isophoten*. Auch sie haben die Form von Ellipsen und mit ihren Achsenlängen a und b definiert man die Elliptizität als $\varepsilon = 1 - a/b$. Sie bestimmt, wo genau im Stimmgabel-Diagramm die Galaxie einzuordnen ist. Beispiel: Die „4" einer E4-Galaxie sagt, dass die Elliptizität der Galaxie 4/10 = 0,4 ist. Das Verhältnis von kurzer zu langer Achse ist also 0,6, denn 1 − 0,6 = 0,4. Für E7-Galaxien gilt $\varepsilon = 0,7$ und so weiter. Die Helligkeit verblasst von innen nach außen nach einem festen, für alle E-Galaxien gleichermaßen gültigen Gesetz. Mehr gibt es zur Gestalt oder *Morphologie* der Elliptischen kaum zu sagen, wenn man nicht sein Geld mit ihnen verdient.

Abb. 2.4   Die Elliptischen Galaxien M 87 und NGC 1132.

Elliptische Galaxien sind oft von rötlicher Färbung, die von ihrem dominanten Anteil alter Population-II-Sterne herrührt. Sterne entstehen aus kalten dichten Gaswolken. Gas allerdings findet man in den Ellipsen kaum, und deswegen sucht man auch junge Sterne vergeblich. Die Bewegung der Sterne um das Zentrum der Galaxie folgt einem heillosen Durcheinander. Man sagt, E-Galaxien seien *dynamisch heiß*.

Man trifft Elliptische Galaxien am häufigsten in den dicht besiedelten Zentren von Galaxienhaufen (*Morphologie-Dichte-Relation*). Sie umspannen einen riesigen Massenbereich. Sogenannte Zwerg-Elliptische versammeln etwa 10^7–$10^8 M_\odot$, der Großteil der gewöhnlichen Ellipsen bringen es dagegen auf 10^9 bis $10^{13} M_\odot$. Einen Sonderfall stellen die riesigen cD-Galaxien dar, die in den Zentren gewaltiger Galaxienhaufen residieren. Ihre Massen können bis zu $10^{14} M_\odot$ betragen. Jede Elliptische Galaxie ist in einen riesigen Halo aus Dunkler Materie eingebettet, der ein Vielfaches der stellaren Masse wiegt. Im Halo finden wir zahlreiche so genannte Kugelsternhaufen, die die Galaxie umkreisen. Sie bestehen aus 10^5 bis 10^6 Sternen, die etwas Besonderes an sich haben: Sie gehören zu den Ältesten, die man im Universum kennt! Die meisten von ihnen sind vor zehn bis zwölf Milliarden Jahren entstanden.

Im Zentrum vieler Elliptischer Galaxien ruht ein sehr massereiches Schwarzes Loch.

Spiralgalaxien

Die Spiralgalaxien bilden die zweite große Gattung. Zwei Merkmale dominieren ihre Morphologie: Eine ausgedehnte flache Scheibe und ein mehr oder minder ausgeprägter zentraler Wulst, der in der Astronomie üblicherweise mit dem englischen Begriff *Bulge* bezeichnet wird. Zwar bestehen sowohl die Scheibe als auch der Bulge aus Sternen, allerdings aus sehr unterschiedlichen. Der Bulge gleicht in vielerlei Hinsicht einer kleinen Elliptischen Galaxie! Er beinhaltet im Wesentlichen alte Population-II-Sterne mit

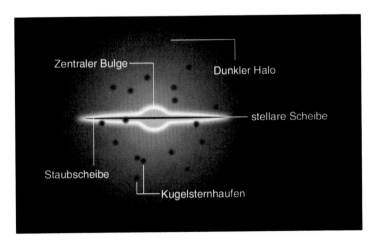

Abb. 2.5 Schematische Darstellung einer Spiralgalaxie.

ungeordneten Bahnen. Ganz anders die Scheibe: Ihre Sterne sind im Großen und Ganzen jung und gehören der Population I an. Sie bewegen sich schön ordentlich auf kreisförmigen Bahnen in gleicher Orientierung um das galaktische Zentrum. Dieser Einklang der Bewegung macht die Scheibe *dynamisch kalt*.

Das Stimmgabel-Diagramm hat auch für die Spiralgalaxien mehrere Plätze reserviert. Zum einen unterscheidet man die Spiralen danach, wie sehr ihr zentraler Bulge ins Gewicht fällt. Man bezeichnet sie als *Sa*-Typ, wenn der Bulge sehr ausgeprägt ist, und als *Sc*-Typ, wenn das Gegenteil der Fall ist. Viele Spiralen weisen ein morphologisches Schmankerl auf. Quer

Abb. 2.6 Spiralgalaxien: Oben: Die Sombrero-Galaxie und NGC 1300; untere Reihe: M 81 und M 101. Entlang des Scheibenrandes der Sombrero-Galaxie erkennt man eine Verdunklung, die durch Licht absorbierende Staubwolken verursacht wird. NGC 1300 (oben rechts) gehört zur Klasse der Balkenspiralen.

durch das Zentrum und darüber hinaus erstreckt sich symmetrisch eine ausgeprägte Balkenstruktur, an deren Enden die Spiralarme ansetzen. Das kann man komisch oder elegant finden.

Interessanterweise umkreisen die Sterne unabhängig von ihrer jeweiligen Bahn das galaktische Zentrum mit etwa der gleichen Geschwindigkeit. Naiverweise würde man erwarten, dass die Sterne in Zentrumsnähe schneller sind, wie wir es z. B. von den Planeten im Sonnensystem kennen. Aus dieser Beobachtung hat man auf die Existenz massereicher Dunker Halos um die Spiralen geschlossen. Die Sonne wandert mit etwa 220 km/sec um das Zentrum der Milchstraße und braucht für ca. 200 Millionen Jahre für eine Runde.

Oft scheint die Helligkeitsverteilung in den Scheiben recht homogen, bei vielen aber erkennt man deutlich zwei oder mehrere ausgeprägte Spiralarme. Bei ihnen handelt es sich um *Dichtewellen*, also um Verdichtungen, die im Laufe der Zeit wie ein Propeller um die gesamte Scheibe rotieren. Weil an ihrer Front das interstellare Medium (ISM) ein wenig zusammengepresst wird, entstehen dort neue Sterne in großer Zahl. Das setzt voraus, dass es in Spiralgalaxien genügend Gas gibt (ca. 10 % der Masse), denn so ist es immer und überall: Ohne Gas keine Sternentstehung! Eine gewöhnliche Spiralgalaxie bringt pro Jahr typischerweise 1–10 $M_\odot$ an neuen Sternen hervor, in unserer Milchstraße sind es 2–3 $M_\odot$. Unter den neugeborenen Sternen sind auch viele massereiche, die den Spiralgalaxien oft einen bläulichen „Touch" verleihen. Die generelle Tendenz zur Sternbildung im Universum hatte bereits vor zehn Milliarden ihren Höhepunkt und ist seither rückläufig.

Anders als die Ellipsen scheuen Spiralgalaxien nicht die Einsamkeit. Man trifft sie durchaus als Einzelgänger im Feld, aber auch in großer Zahl in den nicht zu dicht besiedelten Randbereichen der Galaxienhaufen.

Wie im Fall der Ellipsen finden wir auch in den Halos der Spiralgalaxien häufig Kugelsternhaufen. Etwa 150 Stück davon gibt es im Halo der Milchstraße.

Ähnlich wie bei den Elliptischen Galaxien kennt man auch für die Spiralen einen Zusammenhang zwischen Leuchtkraft und Dynamik: Je höher die Rotationsgeschwindigkeit, umso heller die Galaxie. Die mathematische Formulierung nennt sich *Tully-Fisher-Relation*. Sie ist deutlich verlässlicher als die Version für Elliptische Galaxien und hilft den Kosmologen, die Entfernung von Spiralgalaxien zu bestimmen.

Die meisten Spiralgalaxien bringen 10^9 bis 10^{12} $M_\odot$ auf die Waage. Sie sind also weder so klein wie die kleinsten Elliptischen noch so groß wie die größten Elliptischen Galaxien. Unter den leuchtkräftigen Galaxien sind die Spiralen die häufigste Spezies.

Im Zentrum vieler Spiralgalaxien ruht ein sehr massereiches Schwarzes Loch.

Irreguläre Galaxien

Etwa 2 % aller Galaxien lassen sich partout nicht in das Hubble-Schema einordnen. Für sie erfand man die Kategorie der *Irregulären*. Üblicherweise hat ihre Morphologie etwas Asymmetrisches oder anderweitig Unförmi-

Abb. 2.7 Irreguläre Galaxien: Oben M 82, unten NGC 1427A (links) und die Ring-Galaxie AM 0644-7 41.

ges an sich. Anders als den E- oder S-Galaxien fehlt ihnen so etwas wie ein Zentrum. Besonders bekannte Vertreter der Irregulären sind die beiden Magellan'schen Wolken, die im Gravitationsfeld der wesentlich größeren Milchstraße gefangen sind. Unter dem südlichen Sternenhimmel sind sie leicht mit bloßem Auge sichtbar.

Die typische Irreguläre Galaxie ist klein und somit von eher geringer Masse (10^8–10^{10} $M_\odot$). Sie enthält Gas und produziert Sterne. Oft handelt es sich bei ihr um einen Satelliten einer massereichen Galaxie. Natürlich sind auch die Irregulären komplett in Dunkle Materie gehüllt und werden von dieser weit mehr dominiert als die Elliptischen oder Spiralgalaxien.

Eine besondere Klasse von Irregulären Galaxien bilden jene, die sich in einer nahen Begegnung oder gar einem Verschmelzungsprozess mit einer Nachbargalaxie befinden. Durch ihre Gravitationskräfte verzerren die Kontrahenten gegenseitig ihre Gestalt, bevor sie sich zu einer Elliptischen Galaxie vereinen. Wir wollen hier aber gar nicht weiter vorgreifen.

Massereiche Schwarze Löcher erwartet man in den „Zentren" Irregulärer Galaxien nicht.

Das hierarchisch organisierte Universum

Es gibt eine weitere Spezies von extragalaktischen Objekten, die sogenannten *Quasare*. In ihren Zentren ruhen massereiche Schwarze Löcher, die das Wesen der Quasare überhaupt erst ausmachen. Bei ihnen handelt es sich um eine typische Erscheinung des jungen Universums, wir kommen zum Ende dieses Bandes kurz auf sie zu sprechen. An dieser Stelle sei nur erwähnt, dass Quasare bei Rotverschiebungen von $z = 4$ und höher, als das Universum nur etwa 10 % seines heutigen Alters hatte, außerordentlich *gleichmäßig* über den Himmel verteilt waren! Eine Clusterbildung von Galaxien, wie wir sie heute aus den Galaxienhaufen und Superhaufen kennen, war damals noch nicht in Sicht. Das Universum scheint in jungen Jahren noch mehr als heute von homogener Gestalt gewesen zu sein.

Aus zahlreichen Himmelsdurchmusterungen weiß man, dass die Galaxien im heutigen Universum erst auf sehr großen Skalen oberhalb einiger 100 Mpc homogen verteilt sind. Darunter versammeln sie sich in kleinen Gruppen zu einigen Dutzend Exemplaren oder aber in riesigen Haufen mit 1000 und mehr Galaxien.

Solche Durchmusterungen sind besonders aufwendig, wenn es darum geht, eine dreidimensionale Karte des Universums zu zeichnen. Mit einer vergleichsweise einfach zu arrangierenden Messung der Leuchtkräfte ist es dabei nicht getan, denn aus solchen *Photometrischen Surveys* erfährt man nichts über die *Entfernungen* der Galaxien. In 3-D-Surveys vermisst man stattdessen in einer zeitraubenden Prozedur die *Spektren* aller Galaxien. Aus ihnen können dann sehr einfach ihre Rotverschiebungen und damit ihre Entfernungen abgelesen werden. Man nennt solche Beobachtungskampagnen auch *redshift surveys*.

Eine der erfolgreichsten Durchmusterungen der vergangenen zehn Jahre war das ***2dF-Galaxy Redshift Survey*** des Anglo-Australischen Observatoriums in Sydney aus den Jahren 1997 bis 2002. Im Rahmen der Beobachtungskampagne wurden die Spektren von mehr als 230 000 Galaxien bis zu einer Rotverschiebung von $z = 0,1$ untersucht. Gleichsam als Nebenprodukt liefert das Survey den Kosmologen eine hervorragende Karte des lokalen Universums (Abbildung 2.8), die uns ein Bild von der großräumigen Verteilung der Galaxien vermittelt.

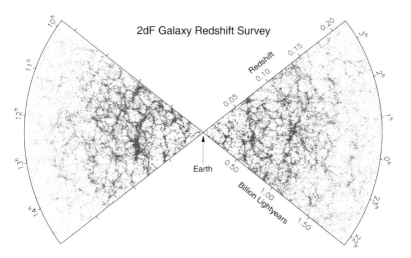

Abb. 2.8 Die Verteilung der Galaxien im lokalen Universum aus dem *2dF Galaxy Redshift Survey*. Jeder Punkt in der Abbildung repräsentiert eine Galaxie. Die scheinbare Abnahme der Galaxiendichte hin zu den Rändern ist ein Artefakt der Beobachtung. Sie ist darauf zurückzuführen, dass den Teleskopen mit zunehmender Entfernung weniger Galaxien „ins Netz" gehen.

Die Galaxien durchziehen das Universum in einer dreidimensionalen Netzstruktur, deren Wände riesige Leerräume einschließen. Man spricht von *Filamenten* und *Voids*. Die großen Leerräume zwischen den Wänden aus Galaxien und Dunkler Materie erstrecken sich typischerweise über einige 10 bis 100 Mpc! Das erklärt, weshalb das Universum trotz der unvor-

Galaxy Cluster Abell 1689
Hubble Space Telescope • Advanced Camera for Surveys

Abb. 2.9 Der 650 Mpc entfernte Galaxienhaufen Abell 1689, aufgenommen vom Hubble Space Telescope.

stellbar hohen Anzahl massereicher Galaxien im Mittel nur wenige Protonen pro Kubikmeter beinhaltet. Auf noch größeren Skalen scheint das Universum in der Tat homogen zu sein, wie wir es im Standardmodell der Kosmologie voraussetzen.

Die Verteilung der Materie im Universum ist also hierarchisch organisiert. Die Sterne, gewissermaßen die „Elementarstrukturen" des Kosmos, sind nicht willkürlich über den Raum verstreut, sondern in Galaxien organisiert. Für die Galaxien gilt dasselbe. Sie formieren sich zu Gruppen, die Gruppen zu Haufen und die Galaxienhaufen schließlich zu Superhaufen. In ihnen residieren Gemeinden von bis zu 1000 Galaxien oder $10^{15}\,M_\odot$. Sie bilden die größten Strukturen im heutigen Universum.

Kapitel 3

Die Saat der kosmischen Strukturen

Ein von Geburt an perfekt homogenes Universum brächte weder Sterne noch Galaxien hervor. Warum verdichtet sich die Materie in bestimmten Regionen und hinterlässt gähnende Leere in anderen? Die Frage führt uns hinab in die Welt der Quanten.

Das Friedman-Modell mit seinen Parametern, die Erweiterung des Modells durch das Inflationäre Szenario, dazu viel Dunkle Materie und noch mehr Dunkle Energie – das zusammen scheint einen konsistenten Rahmen zu bilden, um ein qualitatives Bild des Kosmos und seiner Entwicklung zu zeichnen. Würden dem Universum nicht noch weitere verborgene Eigenschaften innewohnen, böte sich einem Betrachter stets der gleiche Anblick, ein sehr langweiliger obendrein. Stattdessen hat es ein beträchtlicher Anteil der Materie geschafft, sich in Strukturen und Objekten von unterschiedlichster Größe und Gestalt zu organisieren.

Was liefert den Antrieb für die Entstehung von Sternen und Galaxien im Universum? Ist die kosmologische Strukturbildung ein Produkt des Zufalls oder handelt es sich um eine Notwendigkeit? Und inwieweit können wir sie heute nachvollziehen? Diesen Fragen wollen wir in diesem und den folgenden Kapiteln nachgehen und dem aseptischen Gerüst des Friedman-Lemaître-Modells Leben einhauchen.

Im ersten Kapitel und mehr noch in dem Band „Expansionsgeschichte des Universums" dieser Reihe wurde ich nicht müde, es immer wieder zu betonen, wie bemerkenswert homogen Strahlung und Materie vor allem im jungen Universum verteilt waren. Die glatte Hintergrundstrahlung liefert hier den wichtigsten Beweis. Nun gehen wir einen Schritt weiter und gestehen uns ein: Das ist nur die halbe Wahrheit. Ganz offensichtlich müssen dieser scheinbar perfekten Gleichverteilung einst winzige Störungen aufgeprägt worden sein. Warum wir das glauben, woher diese „Fluktuationen" kommen, und was es mit ihnen auf sich hat – darum soll es nun gehen.

Unscharfe Quanten

„In Helgoland war ein Augenblick, in dem es mir wie eine Erleuchtung kam, als ich sah, dass die Energie [des einfachen Atommodells] zeitlich konstant war. Es war ziemlich spät in der Nacht. Ich rechnete es mühsam aus, und es stimmte. Da bin ich auf einen Felsen gestiegen und habe den Sonnenaufgang gesehen und war glücklich. "

So beseelt klingt es in einem Brief, den der 25-jährige Werner Heisenberg im Juni 1924 an seinen dänischen Kollegen Nils Bohr schrieb.

„Ich hatte das Gefühl, durch die Oberfläche der atomaren Erscheinungen hindurch auf einen tief darunterliegenden Grund von merkwürdiger innerer Schönheit zu schauen, und es wurde mir fast schwindelig bei dem Gedanken, dass ich nun dieser Fülle von mathematischen Strukturen nachgehen sollte, die die Natur dort unten vor mir ausgebreitet hatte. "

Heisenberg weilte zu jener Zeit auf Helgoland, um seinen Heuschnupfen zu kurieren. Dem Schaffensdrang des Genies konnte das nichts anhaben, denn in der Nacht zuvor gelang dem jungen Heisenberg ein historischer Durchbruch der modernen Physik. Nicht nur die Welt der Naturwissenschaften würde heute radikal anders aussehen ohne die Früchte der Quantenrevolution. Würde man in diesem Moment hundert Physiker bitten,

Abb. 3.1 Werner Heisenberg, Mitbegründer der Quantenmechanik und Entdecker der Unschärfebeziehung, um 1926.

das Wesen der Quantenmechanik, ihr Herz und ihr Innerstes auf eine einzige Zeile zu verkürzen, so würden, behaupte ich, hundert auf den Zettel schreiben:

$$\Delta x \Delta p \geq \frac{1}{2}\hbar$$

Das ist die berühmte **Heisenberg'sche Unschärferelation**. Ihr zufolge sind in einem physikalischen System Ort und Impuls (= Masse × Geschwindigkeit) eines Teilchens niemals gleichzeitig exakt definiert. Die Ausdrücke Δx und Δp in der Gleichung stehen für die Unbestimmtheit, die „Verschwommenheit" des Ortes bzw. des Impulses. $\hbar$ ist die zentrale Naturkonstante der Quantenphysik, das sogenannte *Planck'sche Wirkungsquantum*[1]. Ein Teilchen, dessen Geschwindigkeit wir genau kennen, hat im selben Moment keinen genau lokalisierbaren Aufenthaltsort im uns vertrauten Sinne! Messen wir umgekehrt die Position des Teilchens mit höchster Sorgfalt und Genauigkeit, verwischen wir gleichsam seinen Impuls, also seine Geschwindigkeit, in nicht vorhersagbarer Weise. Sie haben viel vom Wesen der Quantenwelt verstanden, wenn Ihnen klar ist, dass es sich hier nicht um eine Begrenzung unserer Messgenauigkeit handelt, sondern um eine innere, der Natur aufgeprägte … nun, Ungenauigkeit?, Unbestimmtheit?, Verschwommenheit? … oder fällt Ihnen ein besseres Wort ein? Es ist nicht immer ganz einfach, über die Quantenmechanik in einer anderen Sprache als der Mathematik zu reden.

? Die wundersame Welt der Quanten

Die Quantenphysik hat einen Geburtstag: Am 14. Dezember 1900 hält der 43-jährige Max Planck während einer Versammlung der Deutschen Physikalischen Gesellschaft einen Vortrag, der das Tor zu einer neuen Physik öffnen sollte. Kurz zuvor gelang es ihm, das Spektrum der sogenannten Hohlraumstrahlung theoretisch herzuleiten; eine Aufgabe, die mithilfe klassischer Methoden nicht zu bewältigen war. Nach Plancks neuem Ansatz sollte Strahlung nur in kleinen Portionen abgegeben oder absorbiert werden; das Konzept der Quantelung war geboren. ▶

---

1   Genau genommen bezeichnet das Planck'sche Wirkungsquantum die Zahl $h \sim 6{,}626 \times 10^{-34}$ J s; in der Quantenmechanik taucht die Konstante jedoch fast immer mit dem Faktor $1/2\pi$ auf, so dass man sich üblicherweise der Abkürzung $\hbar$ (sprich „h quer") bedient, wobei $\hbar = h/2\pi$.

▶   Bald beschäftigten sich Heerscharen von Physikern mit der neuen Idee. Einstein zeigte, dass selbst das Licht tatsächlich aus kleinen Quanten bestehen muss, den sogenannten Photonen. Der dänische Physiker und Philosoph Nils Bohr schuf aus dem Quantenkonzept ein neues, stabiles Atommodell, in dem die Elektronen auf stabilen Schalen ohne Energieverluste um den Atomkern kreisen sollten. Mitte der 1920er-Jahre entwickelten der Deutsche Werner Heisenberg und der Österreicher Erwin Schrödinger unabhängig voneinander mathematische Formulierungen der Quantentheorie. Der Kern der Heisenberg'schen Theorie besteht im Prinzip der Unschärfe: Ort und Impuls eines Teilchens können niemals gleichzeitig exakt bekannt sein – mehr noch: Beide Größen leiden unter einer *realen Unbestimmtheit*. Nach Schrödinger lässt sich ein quantenmechanisches System nur *probabilistisch* beschreiben, also mithilfe von Wahrscheinlichkeiten. Ein Teilchen, das zu einem Zeitpunkt t_0 einen Zustand φ_0 annimmt, geht mit einer berechenbaren Wahrscheinlichkeit zu einer späteren Zeit t_1 in einen Zustand φ_1 über. Der Aufenthaltsort des Teilchens wird nicht durch eine Koordinate (*x/y/z*) beschrieben, sondern durch eine Wahrscheinlichkeits-Welle. Ein Teilchen kann sich aber auch in einer Überlagerung verschiedener Zustände $\varphi = A\varphi_0 + B\varphi_1$ befinden; erst im Zuge einer Messung entscheidet es sich für einen definierten *Eigenzustand*. Die Interaktion zwischen System und Beobachter gehört zu den charakteristischen Eigenheiten der Quantenmechanik.

Seit der Begründung der klassischen Mechanik durch Newton galt die Natur im Prinzip als berechenbar: Wenn wir den Ausgangszustand (Ort und Geschwindigkeit) eines Systems nur genau genug kennen, lässt sich seine zeitliche Entwicklung im Prinzip genau vorhersagen. Die Quantenmechanik stellt eine radikale Abkehr von diesem *Determinismus* dar. Zwei identische Systeme können bei identischen Anfangsbedingungen völlig unterschiedliche Entwicklungen nehmen. Damit ist auch das Prinzip der *Kausalität* auf den Kopf gestellt, das den vertrauten engen Zusammenhang zwischen Ursache und Wirkung ausdrückt.

Einen weiteren markanten Umbruch stellt die Dualität von Welle und Teilchen dar: Jedes Teilchen atomarer Dimension besitzt Welleneigenschaften, und umgekehrt verhalten sich Strahlung, Licht zum Beispiel, unter gewissen Umständen wie ein Strom aus Teilchen.

Die deterministische Bewegungsgleichung der Newton'schen klassischen Physik wird in der Quantenmechanik durch die sogenannte *Schrödinger-Gleichung* ersetzt. Sie beschreibt, ob und wie sich ein Zustand bzw. ein Wellenzug (die Wahrscheinlichkeitswelle) zeitlich verändert.   ▶

> ▶ Zusammen mit der Relativitätstheorie bildet die Quantenmechanik das Grundgerüst der Physik, die wir als die *Moderne* bezeichnen. Anders als die Relativitätstheorie nahm die Quantenphysik enormen Einfluss auf unser tägliches Leben. Transistor und Computer, Neonlicht und Flachbildschirm, Laser und Kernspintomograf, Digitalfernsehen und Raumfahrt – nichts von alledem wäre denkbar ohne Quantenphysik.

Der Wert des Wirkungsquantums ist winzig, man kennt ihn aus vielen akkuraten Messungen: $\hbar = 1{,}055 \times 10^{-34}\,\mathrm{J\,s}^2$. Eben weil der Wert so klein ist, merken wir im täglichen Leben nichts von den Effekten der Quantenwelt. Das wollen wir uns mit einem Gedankenexperiment am Billardtisch verdeutlichen.

1. Auf einem Billardtisch liegen also einige Kugeln bereit. Entlang der Mittellinie verläuft eine Barrikade, die in der Mitte mit einer Öffnung versehen ist, so breit, dass eine Billardkugel gerade durch sie passt. Abbildung 3.2 zeigt die Anordnung. Ein versierter Billardspieler wird nun die Kugel vom Kopfpunkt aus so durch die Öffnung stoßen, dass sie nicht an der Barrikade abgelenkt wird. Wir wissen, was geschieht: Die Kugel behält ihre geradlinige Bahn und knallt an die hintere Bande, und zwar an jenem Punkt, der genau auf der Verlängerung von Kopfpunkt und Öffnung liegt. Was sagt die Quantenmechanik dazu? Die Barrikadenöffnung sei genau einen Millimeter größer als die Kugel. Das heißt: In jenem Augenblick, als die Kugel durch die Öffnung rollt (ohne die Barrikade zu touchieren), kennen wir die „Links-rechts"-Komponente ihrer Position auf 1 mm genau, nicht mehr und nicht weniger – also $\Delta x = 1$ mm. Gleichzeitig, so sagt die Unschärferelation, ist dann der Grad an Unschärfe des Impulses in „Links-rechts"-Richtung gegeben durch $\Delta p_x = 1/2\hbar/\Delta x = 1{,}055 \times 10^{-34}\,\mathrm{J\,s}\ /\ 1$ mm $\approx 5 \times 10^{-32}$ kg m/s. Um die Unsicherheit der Geschwindigkeit zu berechnen, brauchen wir nur durch die Masse zu dividieren (Impuls = Masse × Geschwindigkeit) und erhalten 5×10^{-32} kg m/s / 170 g $\approx 2{,}9 \times 10^{-31}$ m/s. Das ist der Wert für die mögliche Abweichung der Kugel nach links oder rechts, wie er aus der Quantentheorie folgt. Dieser Wert entzieht sich jeglicher Messung geschweige denn Wahrnehmung vollkommen; der Quanteneffekt ist für dieses Szenario uner-

---

2   1 J s = 1 Joule × Sekunde ist die physikalische Einheit der Wirkung.

heblich, tatsächlich fallen hier kleine Unebenheiten des Belages oder der Kugel viel mehr ins Gewicht.

2. Wir wiederholen das Experiment, ersetzen aber die Billardkugeln in Gedanken durch Elektronen. Der Spalt in der Mitte des Billardtisches sei wiederum so klein, dass das Elektron gerade noch durch ihn passt; hier beginnen schon die Probleme, denn man kann ein Elektron nicht einfach in die Hand nehmen und seinen Radius messen; allerdings kennt man aus Streuexperimenten so etwas wie einen *effektiven* Radius des Elektrons. Dieser „Wirkungsquerschnitt" sagt über ein Elementarteilchen für unsere Zwecke in etwa dasselbe aus wie der *Durchmesser* über die Billardkugel. Üblicherweise wird dem Elektron ein effektiver Radius von einigen 10^{-15} m zugeschrieben, das sind einige Billionstel Millimeter. Lassen wir unseren Spalt in der Mitte einen Nanometer (einen Milliardstel Meter) groß sein, praktisch realisiert etwa durch das Atomare Kristallgitter einer dünnen Metallfolie. Unsere Orts-Unkenntnis beim Spaltdurchgang des Elektrons beträgt dann 1×10^{-9} m. Die Unschärferelation liefert uns jetzt eine Impulsunschärfe von $\Delta p_x = 1/2 \times 1{,}055 \times 10^{-34}$ J s$/(1{,}0 \times 10^{-9}$ m$) \approx 1{,}3 \times 10^{-26}$ kg m/s. Das ist nach wie vor nicht viel. Allerdings: Das Elektron hat eine verschwindend geringe Masse von ca. 10^{-30} kg. Die Unsicherheit in der Geschwindigkeit wird damit $\Delta v_x = \Delta p_x/m \approx 13$ km/s! – und jetzt dürfen Sie staunen. In der Praxis würde das bedeuten: Nach dem Austritt aus dem Spalt kann das Elektron in jede beliebige Richtung schießen. Es ist völlig unmöglich, zu sagen, wo in etwa das Elektron auf die Bande treffen wird!

Solche Spaltexperimente mit Elektronen kann man tatsächlich durchführen und der Vergleich mit dem Billardszenario ist gar nicht so weit hergeholt. Mit diesem Gedankenexperiment soll lediglich veranschaulicht werden, wie ein Effekt der Quantenmechanik, der uns im Alltag völlig unberührt lässt, in der Welt der Elementarteilchen sehr wohl zuschlägt. Hätte die Planck'sche Konstante einen wesentlich größeren Wert, sagen wir 0,5 J s, dann würden wir sehr wohl etwas davon merken. Dasselbe gilt für die Raum-Zeit-Effekte der Relativitätstheorie, die wir nur deswegen nicht wahrnehmen, weil die entsprechende Naturkonstante (die Lichtgeschwindigkeit) weit jenseits unserer Erfahrung liegt.

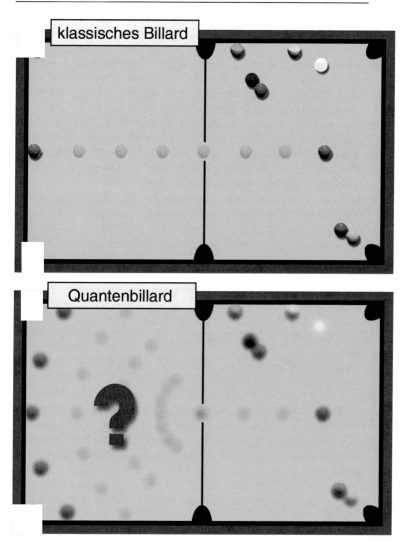

Abb. 3.2 Im klassischen Billiard führt ein exakter Stoß zum gewünschten Ergebnis. Die Unschärfe der Positionen und Geschwindigkeiten im Quantenbillard macht es unmöglich, das Ergebnis eines Stoßes vorherzusehen. Unschärfe und Unvorhersagbarkeit gehören zu den essenziellen Eigenschaften der Quantenwelt.

Das Werk der Inflation

Zurück zum jungen Universum. Gleich nach dem Urknall, noch vor dem Beginn der Inflation, schlägt die quantenmechanische Unschärfe zu mit all ihrer Kraft: Das Gemisch aus Strahlung und Materie, die kosmische „Ursuppe", wäre vollkommen homogen, wenn nicht das Gesetz der Unschärfe winzigste Inhomogenitäten in der Dichteverteilung verursachen würde. Auf mikroskopischer Ebene gleicht das kosmische Substrat eher einem blubbernden heißen Brei als einem ruhigen windstillen See. Die Macht des Unschärfeprinzips schließt die Möglichkeit einer vollkommen homogenen Materieverteilung auf kleinsten Skalen *grundsätzlich* aus.

In dieses frischgeborene Universum bricht die inflationäre Phase. Durch ihre Wucht wird alle Materie des jungen Kosmos – gerade 10^{-33} Sekunden alt – explosionsartig auseinandergetrieben. Die Inflation katapultiert den Kosmos aus seiner rein quantenmechanischen Mikroexistenz in ein klassisches, makroskopisches, ein „reales" Dasein. Das gilt in gleicher Weise für die mikroskopischen Unebenheiten: Auch sie werden von der Expansion ergriffen und auf greifbare Dimensionen gedehnt – darin liegt der Schlüssel! Aus den winzigen Quantenbläschen der vorinflationären Epoche entsteht innerhalb des Bruchteils einer Sekunde ein „ausgewachsener" Dichtekontrast – fest eingewoben in den stofflichen Inhalt des Universums.

Dies sind die Dichteschwankungen, die die Saat für die Entstehung der ersten Galaxien in wenigen Hundert Millionen Jahren bilden!

Wie geht es nun weiter? Gleich nach der Inflation beginnt der Mechanismus der Gravitation zu greifen: Regionen mit etwas erhöhter Dichte nehmen zwar, natürlich, an der globalen Expansion des Universums teil, aber doch um ein Winziges träger. Sehr langsam, sehr zäh beginnt die Materie aus den weniger dichten Regionen in jene mit höherer Dichte einzuströmen, angetrieben durch deren etwas stärkere Wirkung der Gravitation. Auf diese Weise gelingt es den dichteren Regionen, im Laufe von Jahrmillionen zu regelrechten Materieinseln heranzuwachsen, den Geburtsstätten der Sterne und Galaxien.

Der amerikanische Physiker und Autor Brian Greene (*1963) erzählt davon sehr poetisch in seinem Buch *Der Stoff, aus dem der Kosmos ist*: „Laut Inflationstheorie sind die mehr als hundert Milliarden Galaxien, die im All wie himmlische Diamanten schimmern, nichts als Quantenmechanik, die in großen Buchstaben an den Himmel geschrieben wurde. Für mich ist diese Erkenntnis eines der größten Wunder des modernen wissenschaftlichen Zeitalters." (Brian Greene)

Abb. 3.3 Auf den ersten Blick erscheint die dunkelblaue Fläche glatt und homogen. Auf kleinsten Skalen jedoch verbergen sich deutliche Schwankungen in der Dichteverteilung, wie sie unmittelbar nach dem Urknall dem Materie-/Strahlungsgemisch im Universum aufgeprägt sind.

! Um das Vorhandensein der Galaxien und Superhaufen zu verstehen, müssen wir davon ausgehen, dass es minimale Dichteschwankungen im frühen Universum gab. Andernfalls hätte es keinen Grund zur Ausbildung der mächtigen und großräumigen Strukturen gegeben. Ursache dieser minimalen Fluktuationen war das Unschärfeprinzip der Quantenmechanik, demzufolge es keine exakt homogene Verteilung von Materie (oder irgendeiner anderen beobachtbaren Größe) geben kann. Die Inflation zieht das gesamte Universum in einem explosiven Akt auseinander, mit ihm die winzigen Fluktuationen, die der Materie so als makroskopische Dichteschwankungen aufgeprägt werden.

Die Statistik der Fluktuationen

Seit Jahrzehnten versuchen die Kosmologen, zu verstehen, wie die großen Strukturen im Universum aus den winzigen primordialen Dichteschwankungen hervorgehen. Ganz ohne Zweifel ist ihnen darin ein gewisser Erfolg beschieden. Längst haben sie eine qualitative Vorstellung von den Vorgängen, die seit dem Ende der Inflation das großskalige Erscheinungsbild des Universums formen. Wir haben das Prinzip eben schon angedeutet und kommen bald und sehr ausführlich darauf zurück. Zu den ersten Schritten, die es bedarf, um die Entstehung kosmologischer Strukturen zu verstehen, gehört die quantitative Beschreibung des *Anfangszustandes*, das heißt der Dichteverteilung der Materie im jungen Universum. Wie immer, wenn wir das Verhalten einer sehr hohen Anzahl von Teilchen oder Objekten studieren wollen, handelt es sich dabei natürlich um eine statistische Beschreibung.

Immer, wenn wir im Zusammenhang mit dem frühen Universum von einer Dichtefluktuation sprechen, meinen wir eine begrenzte, im Idealfall kugelförmige Region des Kosmos, deren mittlere Dichte ein wenig größer oder kleiner ist als die mittlere Dichte des gesamten Universums. Um dies zu verdeutlichen, wollen wir abermals ein bisschen mit Zahlen jonglieren.

Stellen wir uns zum Beispiel eine gewaltige Kugel von (sagen wir) 10 Mpc Durchmesser irgendwo im Universum vor, vielleicht um das Zentrum des knapp 150 Mpc von uns entfernten Herkules-Galaxienhaufens. Um zu sehen, ob es sich bei dieser Kugel um eine Gegend hoher, geringer oder gerade durchschnittlicher Dichte handelt, müssen wir sie, ja genau, *wiegen*. Aber wie wiegt man einen Zehnmillionen Megaparsec großen Ausschnitt des Universums? Ganz klar, man findet einfach heraus, wie viele Sterne und Galaxien, wie viel Gas[3] und Staub und, vor allem, wie viel Dunkle Materie in der Kugel enthalten sind. Nehmen wir für den Augenblick an, sorgfältige Beobachtungen der Region hätten eine Masse von insgesamt 110 Billionen $(1,1 \times 10^{14}) M_\odot$ ergeben. Wir wissen auch, dass die durchschnittliche Materiedichte des Universums etwa $1,4 \times 10^{11} M_\odot/\text{Mpc}^3$ beträgt. Eine 10 Mpc große Sphäre umfasst demnach im Schnitt $1,4 \times 10^{11} M_\odot/\text{Mpc}^3 \times 4/3\pi \times (10/2\,\text{Mpc})^3 \approx 7,5 \times 10^{13} M_\odot$. Unsere Region um den Herkules-Haufen beinhaltet damit das 1,47-Fache der durchschnittlichen Masse, der Dichte-„Überschuss" beträgt 0,47 oder

---

3   Gas ist stets als *baryonisches* Gas zu verstehen, also bestehend aus Atomen und Molekülen.

47 %. Ein solch hoher Wert erscheint in der Tat plausibel[4], da wir ja um einen Galaxienhaufen herum messen. Dieselbe 10 Mpc-Kugel in einem Void (einer vergleichsweise leeren Gegend des Universums) platziert, würde vielleicht nur $6 \times 10^{12} M_\odot$ umschließen, also nur etwa 8 % der globalen mittleren Dichte, was einer Unterdichte von $-0{,}92$ entspricht. Ganz allgemein berechnen wir das Maß der Unter- oder Überdichte innerhalb einer Region mit der einfachen Formel

$$\delta_x(\vec{r}) = \frac{\rho(\vec{r}) - \bar{\rho}}{\bar{\rho}} \ .$$

δ_x nennt man den *Dichtekontrast*. Der Index x gibt dabei an, über welchen Bereich wir die Dichte mitteln, in unserem Beispiel 10 Mpc. $\vec{r}$ bezeichnet den Ort, an dem wir den Dichtekontrast δ_x und die Dichte ρ messen. Mit $\bar{\rho}$ ist schließlich die mittlere Dichte des gesamten Universums gemeint. Der Dichtekontrast ist also größer als null, wenn die *lokale* Dichte $\rho(\vec{r})$ an der Stelle $\vec{r}$ die *globale mittlere Dichte* überragt. Er ist kleiner als null im umgekehrten Fall und genau null, wenn die *lokale* Dichte gerade gleich der *mittleren Dichte* des Universums ist. So weit, so gut.

Nun gibt es aber im Universum sehr viele Regionen mit sehr unterschiedlichen individuellen Dichtekontrasten. Das Gesicht des heutigen Universums hängt in enger Weise mit der räumlichen Verteilung, der Häufigkeit und der individuellen Ausprägung der ursprünglichen Fluktuationen zusammen. Deshalb wäre es interessant zu wissen: Gab es zum Beispiel viele 2-Mpc-große Regionen, in denen ein mehr als 5-prozentiger Materieüberschuss herrschte? Gab es ebenso viele 5 %-Überdichten auf einer Skala von 10 Mpc? Und wie viele 10 %-Überdichten gab es auf derselben Skala? Gab es gewisse Tendenzen etwa dergestalt, dass wir auf kleineren Skalen ausgeprägtere Überdichten fänden oder umgekehrt? Um solchen Fragen nachgehen zu können, bedarf es einer möglichst einfachen mathematischen Beschreibung des gesamten Ensembles der Unter- und Überdichten. Ein mathematisches Instrument, die Gesamtheit aller Dichteschwankungen statistisch zu erfassen, ist das sogenannte *Dichtespektrum*. Wir haben im Band „Expansionsgeschichte des Universums" schon beschrieben, was es damit auf sich hat und wollen es hier kurz wiederholen.

Halten wir uns dazu an unser Beispiel von oben und werfen weitere 10-Mpc-Kugeln ziellos irgendwohin, je mehr, desto besser, am besten so

---

4   Die Mittlere Dichte des Universums beträgt in der Tat wie angegeben ca. $1{,}44 \times 10^{11} M_\odot/\mathrm{Mpc}^3$, der Wert für die Überdichte in der betrachteten 10-Mpc-Sphäre dagegen ist für unser Beispiel zufällig gewählt. Genaue Messungen hierzu sind kaum realisierbar.

viele wir auftreiben können. Wichtig ist, dass wir beim Werfen nicht irgendwohin zielen, sondern für eine wirklich *zufällige* Verteilung der Kugeln sorgen. Nachdem alle ausgeworfen sind, messen wir, wie viel Masse
sich in jeder der Kugeln (die nun irgendwo im Universum hängen) befindet
und notieren die Ergebnisse in einer Tabelle. Das könnte so aussehen:

Kugel-Nr	1	2	3	4	5	...	133	134	135
Masse in $10^{13} M_\odot$	2,9	11	13	19,1	7,3	...	3,4	1,1	14
Unter-/Überdichte	–0,61	0,47	0,73	1,54	–0,03	...	–0,54	–0,85	0,87

In der dritten Zeile haben wir gleich die jeweilige Unter- bzw. Überdichte
notiert, bezogen auf den kosmologischen Durchschnittswert $7,5 \times 10^{13} M_\odot$.
Offensichtlich finden wir in keiner der Testkugeln die zu erwartende
Masse von $7,5 \times 10^{13} M_\odot$, was dem kosmischen Mittel entspräche, vielmehr variieren die Zahlen um den Durchschnittswert. Aber gerade aus diesen Werten können wir ein statistisches Maß für den Grad der Homogenität
des Universums auf der 10-Mpc-Skala gewinnen: Wir berechnen einfach,
wie stark die Werte aus unserer Tabelle (2. Zeile) durchschnittlich vom mittleren Wert $7,5 \times 10^{13} M_\odot$ abweichen. Die in der Statistik übliche Methode
verlangt, dass wir die Quadrate der Abweichungen addieren, das Ergebnis
durch die Zahl der Messungen – zum Beispiel 135 – teilen und daraus wieder die Quadratwurzel ziehen:

Mittlere Fluktuation σ auf 10 Mpc:

$$\sigma = \frac{1}{135} \sqrt{-0,61^2 + 0,47^2 + 0,73^2 \dots + 0,87^2} = 0,81$$

$\sigma = 0,81$ – das ist die „Stärke" der Dichteschwankungen auf der 10-Mpc-
Skala. So einfach ist das. Je größer diese Zahl, umso stärker variiert der
Masseinhalt der betrachteten Kugeln. Ein Wert $\sigma = 0$ würde bedeuten, dass
alle Kugeln exakt dieselbe Materiemenge umschließen. Das Universum wäre dann auf einer Skala von 10 Mpc und darüber vollkommen homogen!
Mit der 10-Mpc-Skala alleine kennen wir aber nur einen kleinen Ausschnitt aus der gesamten Statistik der Dichteverteilung. Wir müssen uns viele weitere Kugeln mit vielen unterschiedlichen Durchmessern zurechtlegen,
und jeweils die eben beschriebene Messreihe wiederholen. Auf diese Weise
verschaffen wir uns eine Übersicht über die Stärke der Dichteschwankungen auf einer breiten Auswahl von Skalen. Letztlich erhalten wir so eine
beliebig vollständige und dazu sehr anschauliche Statistik des kosmischen
Dichtefeldes. Das Ergebnis der aufwendigen Prozedur könnte grafisch aussehen wie in Abbildung 3.4. Im heutigen Universum ist es in der Tat so,

wie in der Abbildung angedeutet: Je kleiner die Skalen, die wir betrachten, umso größer die Werte von σ. Man könnte sagen, das Universum wird inhomogener, je genauer wir hinschauen. Gehen wir auf zunehmend größere Skalen, erwarten wir, dass σ sich dem Wert 0 nähert, weil das Universum auf großen Skalen sehr homogen ist.

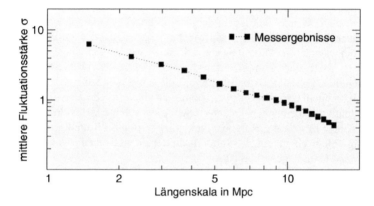

Abb. 3.4 Eine Messung der mittleren Fluktuationsstärken auf unterschiedlichen Skalen würde qualitativ das dargestellte Ergebnis liefern. Je größer die „Testkugeln", innerhalb der wir die Dichte messen, umso weniger schwanken die individuellen Messergebnisse um den Mittelwert, umso „glatter" ist das Universum auf der entsprechenden Skala. Auf kleineren Skalen (links) wird das Universum zunehmend inhomogen.

Das eben geschilderte Prinzip ist bei Weitem das simpelste und anschaulichste, um ein Dichtefeld statistisch zu beschreiben. Es wird gerne herangezogen, wenn es darum geht, Aussagen über die Verteilung der Materie im bereits entwickelten Universum zu treffen. Denn hier haben wir es mit sehr deutlichen Dichtekontrasten zu tun, wie man sich leicht veranschaulichen kann: Ein Liter der Luft, die Sie gerade atmen, wiegt ziemlich genau 1 Gramm. Das entspricht in etwa 2×10^{22} Molekülen, hauptsächlich Stickstoff und Sauerstoff. In einem Liter Gas und Staub aus dem Pferdekopfnebel, der berühmten Dunkelwolke im Sternbild Orion, würden wir „nur" einige 100 000 Moleküle zählen; die interstellare Materie einer solchen Wolke ist also 100 Millionen Milliarden mal dünner als gewöhnliche Luft, aber gleichzeitig 100 Millionen mal dichter als das Universum insgesamt!

Natürlich gibt es auch andere Mittel und Wege, ein kompliziertes Dichtefeld mathematisch zu fassen. Einer besteht darin, es in einfache periodische Komponenten zu zerlegen. Das Verfahren wurde nicht etwa für die Kosmologie erfunden, sondern 1807 von dem französischen Mathematiker Jean Baptiste Fourier entwickelt. Er zeigte, dass jede mathematische Funktion (oder „Kurve") durch eine Überlagerung einfacher Sinus- und Cosinus-Kurven darstellbar ist (siehe Abbildung 3.5). Das ist schon sehr bequem. Denn solche Winkelfunktionen, die jeder Zehntklässler kennt, sind deutlich einfacher handzuhaben als irgendwelche beliebig chaotischen Funktionen, mit denen man die Verteilung der Dichte im Universum sonst beschreibt müsste. Statt einer komplizierten Analyse des realen Dichtefeldes kann man nun die gesamte Arbeit leicht auf die einzelnen Sinus- und Kosinus-Komponenten verteilen – etwa, wenn man die zeitliche Entwicklung der Fluktuationen berechnen möchte. Ohne eine solch geschickte Zerlegung des Feldes in mehrere Komponenten wäre es praktisch unmöglich, realistische Felder überhaupt zu studieren. In der theoretischen Physik ist diese Fourier-Methode gang und gäbe.

Wann immer von der *Materie* des sehr frühen Universums die Rede ist, sollten wir eines nicht aus den Augen verlieren. Immerhin herrschen zu jener Zeit, als die kosmische Inflation ihr Werk verrichtet, Temperaturen von weit über 10^{27} K. Diese fällt zwar ebenso rapide, wie das Universum zu Beginn expandiert; während der ersten paar Minuten bleibt sie aber dennoch stets oberhalb einiger Hundert Millionen Kelvin. In Gegenwart solch extremer Temperaturen bleibt kein Stein auf dem anderen. Protonen und Neutronen, die schwersten stabilen Elementarteilchen, sausen als hochenergetische Geschosse kreuz und quer durcheinander und gleichen eher *Strahlung* als Materie. Dazu kommt, dass ebenso hochenergetische Photonen einen beträchtlichen Teil der gesamten vorhandenen Energie in sich tragen. In der Tat *dominieren* die Photonen während der ersten zehntausend Jahre den kosmischen Energiehaushalt bei Weitem. Man sagt, das Universum war nach seiner Geburt zunächst *strahlungsdominiert*. Dieser Aspekt ist von großer Bedeutung für die Anfänge der Strukturbildung. Wir sollten uns also eine Dichteschwankung nicht einfach als *Teilchen*überschuss vorstellen, der sich irgendwo ausprägt, sondern als lokalen Überschuss an *Strahlungsenergie*!

Teilchen und Strahlung – wir bleiben noch ein wenig beim Thema. Zu Beginn dieses Abschnittes beriefen wir uns auf das Unschärfeprinzip, um zu postulieren, dass das junge Universum von Dichtefluktuationen durchsetzt gewesen sein musste. Das Produkt aus Impuls- und Ortsunschärfe, so verlangt das Prinzip, kann niemals kleiner werden als die winzige Konstan-

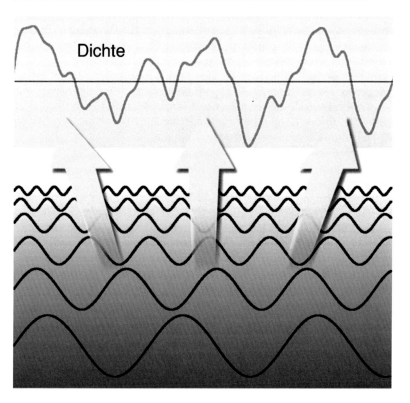

Abb. 3.5   Die Dichteverteilung im Universum (Kurve ganz oben) lässt sich mathematisch beschreiben als Überlagerung unendlich vieler Sinus-Wellen von unterschiedlichen Amplituden und Phasen. Die Entwicklung der realen Dichteverteilung entspricht der Entwicklung der einzelnen Komponenten und ist dadurch berechenbar.

te $1/2\hbar$. Ort und Impuls sind Attribute, die man nun gewiss einem Teilchen zuschreiben kann – ein Teilchen befindet sich hier oder da und bewegt sich mit dieser oder jener Geschwindigkeit. Wie aber sollen wir Ort und Impuls, die beiden Variablen der Unschärferelation, auf den Begriff der Energie anwenden? Gilt das Unschärfeprinzip nicht für die Energie? Woher kommen dann die *Energie*dichtefluktuationen?

Die Antwort ist einfach: Das Unschärfeprinzip gilt nicht nur für die Kombination Ort und Impuls, sondern für *jedes Größenpaar, dessen Pro-*

dukt die physikalische Einheit einer Wirkung hat! Die Einheit der Wirkung, Sie erinnern sich, ist 1 Joule × Sekunde (1 J s). Preisfrage: Aus welchen physikalischen Größen können wir die Einheit 1 J s noch konstruieren? Wir wissen, dass die Kombination Ort und Impuls funktioniert! (Ort × Impuls entspricht 1 m × 1 kg m/s = 1 kg m^2/s^2 × 1 s = 1 J × 1 s). Nun? Was liegt denn näher als die Kombination Energie (Einheit 1 J) und Zeit (Einheit 1 s)?! In der Tat gilt die quantenmechanische Unschärfe auch für die Kombination dieser beiden Größen, E und t, also

$$\Delta E \, \Delta t \geq \frac{1}{2} \hbar \,.$$

Die Zeit-Energie-Unschärfe hebt ein fundamentales Prinzip der Physik, die Energieerhaltung, aus den Angeln. Der Energieerhaltungssatz legt enge Fesseln an jeden denkbaren physikalischen Vorgang. Energie kann unter keinen Umständen „erzeugt" oder „vernichtet", sondern stets nur von einer Form in die andere umgewandelt werden. Der Strom aus unseren Steckdosen ist nichts anderes als die umgewandelte Energie fließenden Wassers, der Atomkerne oder der Sonnenstrahlung. Im Bereich der Quantenphysik, so sagt nun die Unschärferelation, ist es möglich, dass ein System sich Energie aus dem Nichts borgt! – wenn auch nur für einen winzigen Moment.

Wir können das Prinzip der Energieunschärfe nutzen, um die Quantenfluktuationen im frühen Universum aus einer anderen Sicht zu verstehen: An jeder x-beliebigen Stelle im Universum kann die Energiedichte der allgegenwärtigen Strahlung für einen kleinen Moment Δt um einen kleinen Betrag ΔE wackeln. Da plötzlich explodiert der Raum! – es kommt zur Inflation, die die kleinen Quantenfluktuationen in die Größe zerrt und unauslöschlich in den Raum prägt.

Um die Entstehung der großskaligen Strukturen auch quantitativ verstehen zu können, bedarf es zweierlei Voraussetzungen. Einerseits müssen wir die physikalischen Gesetze verstehen, nach denen sich die kleinen Dichteschwankungen zeitlich entwickeln; und, ebenso wichtig, wir müssen die Eigenschaften der Fluktuationen unmittelbar nach dem Ende der Inflation kennen.

Das Konzept des inflationären Kosmos wurde zu Beginn der 1980er Jahre von Alan H. Guth eingeführt und durch Andrei Linde und Paul Steinhardt zur Reife gebracht. Bald darauf begannen einige Wissenschaftler die Frage zu untersuchen, wie man sich die aus der Inflation hervorgehenden Dichtefluktuationen vorzustellen hätte. Im Sommer 1982, während einer Konferenz über das „Sehr frühe Universum" (*The Very Early Universe*) an der Britischen Universität Cambridge, trugen die Forscher ihre Gedanken zusammen. Wir wissen heute, dass die größten Strukturen im Universum, die Galaxienhaufen und Superhaufen, erst relativ spät aus kleineren Bausteinen (wie einzelnen Galaxien) entstanden sind, ja eigentlich noch im Werden begriffen sind. Das ist nicht selbstverständlich. Die Entstehung der Strukturen hätte ebenso gut den umgekehrten Weg nehmen können, von „oben nach unten" oder *top down,* wie man sagt. Die Galaxien würden sich in diesem Modell durch Fragmentierung aus riesigen kollabierenden Gaswolken herausbilden. (Die Entstehung der *Sterne* verläuft in der Tat nach diesem Prinzip.) Wie auch immer, der Hergang der Strukturbildung musste bereits im Spektrum der frühen Dichteschwankungen angelegt sein. Im Laufe der Konferenz von 1982 kristallisierten sich zwei wesentliche Eigenschaften der „primordialen" (d. h. die ersten, ursprünglichen) Fluktuationen heraus:

1. Das Spektrum der Dichtefluktuationen ist **skalenfrei.**
    Das heißt, der Dichtekontrast hat dieselbe Stärke auf allen Skalen. Dies ist für ein Dichtefeld, das aus einem inflationären Mechanismus hervorgeht, in natürlicher Weise zu erwarten, da alle Längenskalen um denselben Faktor gestreckt werden. Nach dem Ende der Inflation gibt es also keine Längenskala, die den andern gegenüber in irgendeiner Weise ausgezeichnet wäre. Das macht die Frage umso spannender, weshalb sich einige Hundert Millionen Jahre nach dem Urknall gerade Objekte mit einer Masse von etwa $10^5 M_\odot$ als erste Objekte im Universum etablierten.

2. Die primordialen Fluktuationen sind **adiabatisch.**
    … und das bedeutet? Das bedeutet, die Dichteschwankungen verteilen sich zu gleichen Anteilen auf Strahlung und Materie. Ist die Photonendichte (also die Strahlungsenergie) in einer bestimmten Region um 0,5 % gegenüber dem Hintergrund erhöht, wird sich dort auch ein 0,5 %iger Überschuss an Elementarteilchen einstellen. Energie- und Materiedichte gehen sozusagen Hand in Hand (Abbildung 3.6). Man hat auch lange und ausführlich Fluktuationen diskutiert, in denen sich die Dichteabweichungen von Strahlung und Materie gerade kompensieren. Solche Fluktuationen bezeichnet man mit dem englischen Begriff *isocurvature.* Eine deutschsprachige Bezeichnung existiert dafür nicht, man könnte sie aber als Fluktuationen *konstanter Krümmung* beschreiben. Nach der Allgemeinen Relativitätstheorie geht jede Dichteschwankung mit einer geringfügigen, lokalen Krümmung des Raumes einher. Die Fluktuationen konstanter Krümmung sind so angelegt, dass die Dichteschwankungen von Strahlung und Materie sich gerade

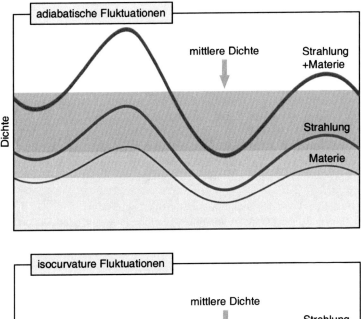

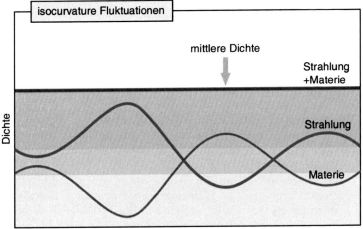

Abb. 3.6 Mögliche Arten von Fluktuationen im frühen Universum. In einer adiabatischen Fluktuation verlaufen die Dichten von Strahlung und Materie synchron, im Isocurvature-Modus antisynchron. Man geht davon aus, dass im frühen Universum die adiabatische Version realisiert war.

annullieren. Das Gravitationspotenzial ist somit gleichförmig über den gesamten Raum verteilt, dessen Krümmung überall konstant ist. So ist es eben in der Allgemeinen Relativitätstheorie. Das Problem mit den Fluktuationen konstanter Krümmung ist, dass man sich so recht keinen Mechanismus vorstellen kann, der die Dichteschwankungen der Strahlung und der Materie derart gegenläufig aufeinander abstimmt. Viel natürlicher erscheinen da die adiabatischen Fluktuationen, auf die wir uns auch in Ruhe konzentrieren werden.

Die primordialen Dichteschwankungen, von denen in diesem Kapitel so ausführlich die Rede ist, stellen nicht weniger dar als die Saat der Sterne, der Galaxien und Superhaufen, die heute zu Abermilliarden das Universum bevölkern. Umso mehr mag es verwundern, wie fein und dezent diese Unregelmäßigkeiten anfangs in der Tat waren. Wir wissen es aus sehr genauen Beobachtungen der Raumsonden COBE und WMAP, die seit den 1990er-Jahren die Kosmische Hintergrundstrahlung untersuchen. Die Streuung der Dichte um den globalen Mittelwert ist so gering, dass man sie mit den kleinen Wasserkräuselungen auf der Oberfläche eines 1000 Meter tiefen Sees vergleichen kann. Das entspricht einem Zahlenverhältnis von etwa 1:100 000! Es scheint kaum vorstellbar, dass unsere Milchstraße mit ihren 200 Milliarden Sternen und ihren 100 000 Lichtjahren Durchmesser aus solch winzigen Unregelmäßigkeiten des frühen Universums resultiert. Gleiches gilt für den ungeheuren Virgohaufen mit seinen 1000 bis 2000 Galaxien. Aber wo stünden wir heute, wenn wir uns in solchen Fragen von der menschlichen Vorstellungskraft leiten ließen?

Kapitel 4

Die Erschaffung der Materie

Die Saat der Dichtefluktuationen ist gestreut, das Wachstum der Strukturen kann beginnen. Bevor daraus Sterne und Galaxien entstehen, müssen die Keimlinge die turbulente Jugend des Universums überstehen.

Es hat sich bereits einiges getan in den ersten Augenblicken der Welt. Kaum ins Dasein getreten, war das Universum schon durchsetzt von winzigen Fluktuationen – kleinsten Energie- und Dichteschwankungen, die unvermeidlich einhergehen mit den Gesetzen der Quantenmechanik. (Wo kamen die eigentlich her . . . ?) Natürlich sollte man sich dieses Netz von Fluktuationen nicht als stabiles Muster vorstellen, das irgendwann in die Ursuppe geprägt wurde und nun ruhig darauf wartet, was als Nächstes passiert. Die primordialen Fluktuationen gleichen vielmehr einem hektischen Gewusel, einem Blubbern – ja, vielleicht passt das Bild von der kochenden Suppe auf einer voll aufgedrehten Herdplatte am besten! Die Dichteschwankungen kommen scheinbar aus dem Nichts, vergehen hier, entstehen dort, verursachen ein ständiges Chaos, wie die zerplatzenden Luftblasen in der köchelnden Suppe.

0,000 000 000 000 000 000 000 000 000 000 01 (10^{-35}) Sekunden nach dem Urknall beginnt die Inflation, 0,000 000 000 000 000 000 000 000 000 001 (10^{-33}) Sekunden später ist sie zu Ende. Sie war *das* einschneidende Ereignis im jungen Leben des Universums, die Trennung von der Nabelschnur. Dass die primordialen Dichteschwankungen nun einigermaßen *stabil* und gewissermaßen lokalisierbar in der Ursuppe verankert sind, gehört zum Großartigsten, was die Inflation jemals für uns getan hat!

Das ist die Situation, so weit wir sie bislang verfolgt haben.

So explosiv und dramatisch die Inflation auch in den jungen Kosmos bricht, wäre es dennoch falsch, zu glauben, dass nach ihrem Ende so etwas wie Ruhe einkehrt. Mit der raschen Expansion sinkt die Temperatur im Universum im Laufe der ersten 200 Sekunden von 10^{27} auf „nur" noch 1 Milliarde Kelvin. Während dieser ersten drei Minuten bringt der Kosmos den gesamten Teilchenzoo und die leichten Elemente hervor: Aus den Photonen der hochenergetischen Strahlung entstehen jetzt Elementarteilchen wie die *Quarks*, die Elektronen und seine Geschwister (die, anders als das Elektron, für den Bau des Universums völlig irrelevant sind), die geheimnisvollen Neutrinos und schließlich die Protonen und Neutronen. Ein kleiner Teil der Protonen und Neutronen verbindet sich zu kleinen Vierergruppen, den Heliumkernen, während die meisten Protonen Singles bleiben. Sie bilden später die Kerne der Wasserstoffatome und damit die mächtigste Fraktion der „gewöhnlichen" Materie im Universum.

Die Geschichte der ersten drei Minuten wird selten in weniger als drei Minuten erzählt. Etwas ausführlicher widmet sich ein Abschnitt in Kapitel 2 der „Expansionsgeschichte" dem Thema. Wer es ganz genau wissen möchte, dem sei das fantastische Buch „Die ersten drei Minuten" von Steven Weinberg ans Herz gelegt, ein Klassiker der populären Wissenschaftsliteratur. Wir halten uns hier nur recht kurz damit auf, weil uns am detaillierten Hergang der Elementsynthese nicht gelegen ist. Entscheidend ist alleine, dass die Schaffung der Materie bereits wenige Minuten (!) nach dem Urknall im Prinzip vollendet war.

Das Prinzip der Elementsynthese basiert auf einer Kombination von Spezieller Relativitätstheorie und Quantentheorie: Erstere lehrt uns, dass Masse und Energie unterschiedliche Erscheinungsformen desselben Dinges sind, derselben *Idee*, wie Platon wohl sagen würde. Das ist keineswegs nur philosophisches Palaver. Besonders im sehr frühen Universum ist die Umwandlung von Masse in Energie und umgekehrt von grundlegender Bedeutung. Solange Temperatur und Energie der Ursuppe dazu ausreichen, verwandeln sich jederzeit und überall Photonen spontan in Pärchen aus Teilchen und Antiteilchen – zum Beispiel einem Elektron e^- und einem Positron e^+ (siehe Abbildung 4.1). Umgekehrt verschwinden solche Teilchen-Antiteilchen-Paare im Nichts, wenn sie sich zu nahe kommen, gegenseitig vernichten und dabei in reine Energie zerstrahlen – Energie in Form elektromagnetischer Strahlung, also Photonen. Man spricht von *Paarvernichtung* und *-erzeugung.*

Diese gegenläufigen Umwandlungsprozesse bewahren so lange ein dynamisches Gleichgewicht, bis die Energie der beteiligten Photonen zu gering wird, um neue Elektron-Positron-Paare zu erzeugen. Im konkreten Fall der Elektronen geschieht das etwa eine Sekunde nach dem Urknall, wenn die Temperatur auf weniger als zehn Milliarden Kelvin sinkt. Der Prozess der Paarerzeugung hält inne. Der Umkehrprozess, die Umwandlung von Teilchen in Strahlung, die *Paarvernichtung*, läuft indes ungehindert weiter, denn er ist nicht auf irgendeine Mindestenergie angewiesen. Nun kann

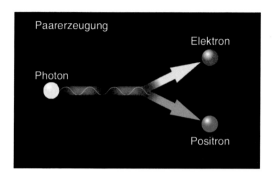

Abb. 4.1 Ein Photon genügend hoher Energie kann sich spontan in ein Eletron-Positron-Paar verwandeln (Paarerzeugung). Der umgekehrte Prozess wird als Paarvernichtung bezeichnet. Um ein Proton-Antiproton-Paar zu erzeugen, muss das Photon deren doppelte Ruhemasse/-Energie der Teilchen aufbringen.

ein globaler Elektronenvernichtungsprozess einsetzen, der nicht durch die Neuschaffung von Teilchen kompensiert wird. Alle bislang entstandenen Elektronen können sich ungestört mit je einem Positron zusammentun und mit einem Lichtblitz zurückbegeben in das Meer von Energie, aus dem sie stammen. Dasselbe trifft auf alle anderen Teilchen zu, auf die sogenannten Quarks zum Beispiel, die Grundbausteine der Protonen und Neutronen, aus denen sich wiederum die Atomkerne der gewöhnlichen Materie zusammensetzen. Quarks haben je nach Sorte eine höhere bzw. *wesentlich* höhere Masse als die Elektronen. Das Spektrum reicht vom Dreifachen der Elektronenmasse bei den leichten *up*-Quarks bis zum 350 000-Fachen im Falle des extrem schweren *top*-Quarks. Es bedarf also wesentlich höherer Energien, um sie durch Paarerzeugung aus einem Photon zu generieren. Höhere Energie heißt: Höhere Temperatur. Die Quark-Antiquark-Erzeugung kam also bereits früher ins Stocken, als das Universum noch deutlich heißer war.

Diese Phase der frühen kosmologischen Entwicklung geht mit einem Problem einher, das tief in der Welt der Quantenfelder und ihrer Symmetrien gründet. Wenn wir genau hinsehen, müssen wir uns tatsächlich darüber wundern, dass es im Universum überhaupt Materie gibt! Alle Teilchen, so sagten wir, werden als Zwillinge, als Teilchen und Antiteilchen aus dem primordialen Strahlungs-Ozean geboren. Schon eine Sekunde nach dem Urknall hat sich die Ursuppe so weit abgekühlt, dass die Energie für eine weitere Erzeugung von Elektronen und Positronen nicht mehr ausreicht.

Was soll jetzt mit den Elektronen und Positronen geschehen, die in jenem Moment bereits vorhanden waren? Sollten sie sich nicht gegenseitig vernichten und restlos aus der Welt tilgen? Ganz offensichtlich gibt es ja heute noch Elektronen! Was hat sie vor der Zerstrahlung bewahrt?

Der Dissident
und das unsymmetrische Universum

Die Antwort liegt in einer an sich recht anschaulichen Asymmetrie der sogenannten schwachen Wechselwirkung. Bis in die 50er-Jahre hinein war man überzeugt, dass alle physikalischen Gesetze, sei es in der klassischen oder in der Quantenphysik, unverändert blieben, wenn man sie auf ein Spiegelbild der Welt anwenden würde. Zum Beispiel verspüren sie eine gewisse Fliehkraft, wenn Sie mit ihrem Auto eine Linkskurve fahren. Das gilt in vollkommen gleicher Weise, wenn Sie hernach ein eine Rechtskurve gehen. Oder stellen wir uns vor, wir bekommen eine Filmaufnahme irgendeines physikalischen Experiments zu sehen. Der Filmvorführer hat sich aber den Spaß erlaubt, die Filmrolle so umzuwickeln, dass wir die gesamte Prozedur spiegelverkehrt zu sehen bekommen. Wären wir in der Lage, die Schummelei zu entdecken? Grundsätzlich nicht! – es sei denn, wir kommen der Sache durch spiegelverkehrte Beschriftungen, Uhren oder dergleichen auf die Schliche. Das Experiment selber würde aber einen vollkommen plausiblen Verlauf nehmen. In der Hochenergiephysik bezeichnet man diese Symmetrie als *Paritäts-* oder kurz *P-Invarianz*. Bei der Untersuchung des radioaktiven Zerfalls des chemischen Elements Kobalt in den 50er-Jahren beobachtete man allerdings, dass die P-Invarianz eben *nicht* immer gelten muss. Aha! Ganz ähnlich verhält es sich mit einer anderen Symmetrie, der sogenannten C-Invarianz. Das C steht für das englische Wort *charge*, zu Deutsch *Ladung*. Damit ist gemeint, dass die Naturgesetze für Teilchen positiver und negativer Ladung in völlig gleicher Weise gelten sollten. Aber auch *dafür* kennt man Ausnahmen in der Welt der Elementarteilchen. Nun, wenigstens bleiben alle, wirklich *alle* Gesetze endgültig gewahrt, wenn man ein System spiegelt und *gleichzeitig* seine elektrische Ladung invertiert, wenn man also eine Kombination von P und C anwendet. Irgendwie sollten sich die beiden Symmetrieverletzungen gegenseitig aufheben. Sehr gut, wenigstens ist die Natur *CP-Invariant*! Dachte man.

Im Jahre 1964 untersuchten die amerikanischen Physiker James Cronin und Val Fitch die Zerfallsreaktionen eines bestimmten Teilchens mit der Bezeichnung *K-Meson* und bemerkten, dass das K in seltenen Fällen anders zerfällt als das *Anti-K*. Die Wissenschaftler erkannten darin eine Verletzung der heiligen CP-Innvarianz und wurden dafür viele Jahre später (1980) mit dem Nobelpreis für Physik belohnt. Die Entdeckung, dass das K-Meson gelegentlich anders zerfällt als das Anti-K, scheint also recht sensationell zu sein! Unter vielen Wissenschaftlern herrscht heute die Überzeugung, dass es ohne die CP-Verletzung keine Protonen und Neutronen gäbe, keine Atome und Moleküle, keine Sterne und Galaxien, keine Erde und keine Menschen.

Den Namen des russischen Dissidenten und Friedensnobelpreisträgers Andrei Sacharow (1921–1989) verbinden die meisten Menschen mit dem friedlichen Widerstand gegen das altkommunistische System der Breschnew-Ära. Bis in die späten 1960er-Jahre hinein gehörte Sacharow zu den führenden wissenschaftlichen Köpfen des sowjetischen Atomwaffenprogramms. 1968 wurde er jedoch aus dem Projekt entlassen, nachdem er offen seine Sympathie für die Bewegung des Prager Frühlings kundtat. Danach suchte Sacharow mehr und mehr die Auseinandersetzung mit dem restriktiven politischen System seiner Heimat. Er engagierte sich für einen demokratischen Wandel und für die Unabhängigkeit der sowjetisch verwalteten Volksgruppen. Aufsehen erregte er 1974 mit einem Hungerstreik. Als ihm 1975 der Friedensnobelpreis überreicht werden sollte, verweigerte ihm der Kreml die Reise nach Stockholm. Sacharow war inzwischen die Speerspitze des friedlichen Widerstandes gegen das Sowjetregime. 1980 folgte die Verhaftung und Verbannung nach Gorki. Erst Gorbatschow, im Tauwetter der späteren 1980er-Jahre, erwies Sacharow den ihm gebührenden Respekt, entließ ihn aus der Verbannung und bot ihm stattdessen die politische Mitarbeit an.

Weniger bekannt sind Sacharows Beiträge zur theoretischen Physik des 20. Jahrhunderts. Die internationalen Bestrebungen unserer Zeit nach dem Bau eines Fusionsreaktors, der das Energiedilemma der Menschheit zu lösen imstande wäre, gehen auf einige seiner Ideen zurück. Aber auch in der Kosmologie verdingte sich der umtriebige Geist. Dreht man die kosmische Uhr zurück, tief hinein in die ersten Bruchteile der ersten Sekunde nach dem Urknall, so verschwimmt unser Wissen um die physikalischen Vorgänge zu Spekulation. In den 1960er-Jahren schlug Sacharow vor, dass die CP-Verletzung während der ersten Millionstel Milliardstel Sekunden für einen minimalen Überschuss an Quarks gegenüber Antiquarks gesorgt haben könnte. Den theoretischen Modellen zufolge sollte auf etwa eine Milliarde Quark-Antiquark-Paare *ein* überzähliges Quark fallen. Das ist nicht viel, aber sehr bedeutend für unsere Existenz. Nach dem Ende der Quark-Antiquark-Produktion konnten sich zwar sämtliche Zwillingspärchen wieder aus dem Dasein flüchten, die wenigen Überschuss-Quarks jedoch wollte niemand mitnehmen. Sie waren unwiderruflich zum materiellen Dasein verurteilt, es gab kein Zurück. Die Abermilliarden von Sternen und Galaxien, die das Universum bevölkern, sind nichts als jener milliardste Bruchteil der einst vorhandenen Materie, welcher der großen Zerstrahlung entging. Zu sagen, die heutige vertraute Materie im Universum aus Protonen, Neutronen und Elektronen sei die Spitze des primordialen Materie-Eisbergs, wäre eine grandiose Untertreibung!

! Jedes Gramm unserer heutigen Welt ist das Überbleibsel von 1000 Tonnen primordialer Materie, die nur einen Wimpernschlag nach der Geburt des Universums verschwand.

Einmal in die Welt gesetzt, bleibt den Elementarteilchen, den Grundbausteinen der Materie, nichts weiter zu tun, als die Veränderung ihrer Umgebung abzuwarten und gemäß ihrer physikalischen Ausstattung (Massen, Kräfte) darauf zu reagieren. Den Ur-Antrieb für jede Veränderung im frühen Universum liefert die kosmische Expansion, die sich in den Sekunden nach dem Urknall mit ungeheurer Rasanz vollzieht. Unmittelbare Folge des Aufblähens ist die *Abkühlung* des Universums, die mit der Expansion in natürlicher Weise Hand in Hand geht. Man geht davon aus, dass die Temperatur unmittelbar nach dem Beginn, an der Schwelle zum Big Bang, etwa 10^{32} Kelvin betrug. Nur *eine* Sekunde später muss sie bereits auf Zehnmilliarden (10^{10}) Kelvin gefallen sein; heute, knapp 14 Milliarden Jahre später, ist das Universum mit 2,73 K extrem kalt. Schon beeindruckend: Gleich in der ersten Sekunde fiel die Temperatur um einen Faktor von 10^{22}, in den 14 Milliarden Jahren danach nur noch um einen Faktor von 10^{10}. Solche Zahlen führen uns vor Augen, wie rasant die Evolution des Alls in seinen allerersten Momenten verlaufen ist.

Mit einer Temperatur von 10^{10} K glüht die Ursuppe nach einer Sekunde, und sie wird schnell kühler. Bald verlieren die Quarks ihre Freiheit und verbinden sich in ganz bestimmten Konstellationen zu Kernbausteinen, den Protonen und Neutronen. Immerhin ist die Temperatur noch hoch genug, um die Synthese der ersten Atomkerne zu erlauben: Wegen der enormen Umgebungsenergie der ersten Minuten sausen die Protonen und Neutronen mit extrem hohen Geschwindigkeiten durcheinander. Entsprechend oft kommt es vor, dass ein Proton und ein Neutron sich auf Individualdistanz nähern. Wir Menschen sind in der Regel nicht begeistert, wenn ein x-beliebiger Artgenosse uns näher kommt als etwa einen halben Meter. Nur in gewissen Ausnahmesituationen sind wir bereit, unser Unbehagen darüber zu unterdrücken (U-Bahn, Warteschlange, Rockkonzert, „public viewing" ...). Protonen und Neutronen, die ihre Individualdistanz (ca. 10^{-15} m) gegenseitig verletzen, gehen ganz anders vor: Ohne zu zögern, schnappen ihre Fallen zu und lassen ihr Gegenüber nicht mehr los. Der Grund: Protonen und Neutronen unterliegen der sogenannten *Starken Wechselwirkung*. Sie ist die stärkste Kraft im Universum und überragt z. B. die Wirkung der Gravitation um das 100 000 000 000 000 000 000 000 000 000 000 000 000 (10^{38})-Fache! Anders jedoch als die Schwerkraft lässt die Reichweite der Starken Kraft schon bei einer Distanz von etwa 10^{-15} m so sehr nach, dass sie in größeren Abständen keine Rolle mehr spielt.

? **Vier Kräfte**

Nach dem Standardmodell der Elementarteilchenphysik lassen sich sämtliche in der Natur wirkende Kräfte auf fundamentale Wechselwirkungen zurückführen. Man unterscheidet vier Kräfte – die schwache, die elektromagnetische und die starke Wechselwirkung sowie die Gravitation. Jede von ihnen unterscheidet sich von den anderen durch ihre relative Stärke, ihre Entfernungsabhängigkeit und durch die physikalischen Eigenschaften der Elementarteilchen, auf die sie wirken.

Die modernen Quantenfeldtheorien beschreiben die Wirkung der fundamentalen Kräfte durch den Austausch von Vermittlerteilchen, sogenannten *Eichbosonen*. So wird etwa die elektromagnetische Abstoßung zweier geladener Protonen durch den Austausch von Photonen vermittelt.

Die Elektromagnetische Wechselwirkung wirkt zwischen elektrisch geladenen Teilchen. Sie bestimmt die gesamte Chemie und den Aufbau der Materie ab Molekülebene und dominiert die Physik unserer makroskopischen Umwelt. Sie ist die Ursache für die Undurchdringlichkeit fester Körper und ermöglicht im menschlichen Körper die Aktionspotenziale zur Steuerung der Muskelbewegung. Die elektromagnetische Kraft zwischen zwei geladenen Teilchen verringert sich mit dem Quadrat ihres Abstandes.

Atomkerne, die im Allgemeinen aus mehreren elektrisch positiv geladenen Protonen und neutralen Neutronen aufgebaut sind, müssen gegen die abstoßende Wirkung der elektromagnetischen Kraft stabili- ▶

▶ siert werden. Dies ist die wichtigste Aufgabe der **Starken Wechsel-wirkung**, die auf sehr kurzen Distanzen ca. hundertmal stärker agiert als die elektromagnetische Kraft. Die starke Wechselwirkung ist auch verantwortlich für den inneren Zusammenhalt der Kernbausteine (Protonen und Neutronen) und anderer Teilchen, die aus Quarks zusammengesetzt sind (Hadronen). Die Kraft ist von extrem kurzer Reichweite (ca. 10^{-15} m) und wird von sogenannten Gluonen vermittelt.

Die schwache Wechselwirkung hat wie die Starke Kraft einen extrem kleinen Wirkungsradius (10^{-18} m). Sie spielt eine wichtige Rolle bei radioaktiven Zerfällen und bei Fusionsprozessen, die im Innern von Sternen zur Energiegewinnung dienen. Sie besitzt eine relative Stärke von 10^{-13} verglichen mit der starken Kraft; ihre Vermittlerteilchen sind die 1983 entdeckten massereichen Bosonen W^+, W^- und Z^0.

Die Gravitation ist mit einer relativen Stärke von 10^{-40} die mit Abstand schwächste der vier fundamentalen Kräfte. Dennoch ist sie verantwortlich für unsere Haftung an die Erde, die Dynamik des Sonnensystems und die Struktur des gesamten Universums. Dies ist möglich, weil die Gravitation eine unendliche Reichweite besitzt (wie auch die elektromagnetische Kraft), anders als diese jedoch nicht durch ungleiche Ladungen abgeschirmt werden kann. So kann sich die Wirkung der Gravitation in der Tat über kosmologische Skalen auswirken. Sie ist die einzige Kraft, die bislang einer Beschreibung durch eine Quantenfeldtheorie entzieht. Entsprechend ist ihr Vermittlerteilchen, das Graviton, von bislang hypothetischer Natur. Seit Einsteins Allgemeiner Relativitätstheorie wird die Gravitation als innere Krümmung der Raumzeit verstanden.

Unmittelbar nach dem Urknall, am Beginn der Zeit, als im Universum Temperaturen von 10^{32} K herrschten, waren die fundamentalen Kräfte möglicherweise zu einer einzigen Kraft vereint, der sogenannten Quantengravitation. Erst im Verlauf der ersten 10^{-12} Sekunden spalteten sich nacheinender Gravitation, die Starke und elektromagnetische Wechselwirkung ab und hinterließen zusammen mit der schwachen Kraft die vier Kräfte der Natur.

Ein kurzer, tiefer Blick in die Augen, und schon bleiben Proton und Neutron dank der Starken Kraft aneinander haften: Sie bilden einen *Deuterium*-Kern. In sehr kurzer Zeit ist das Universum von zahllosen solcher Kerne bevölkert. Diese sind ihrerseits (nach wie vor) mit sehr hohen Geschwindigkeiten ausgestattet und stoßen aneinander. Was mit Protonen und Neutronen funktioniert, sollte mit den neu gebildeten Deuterium-Kernen nach dem gleichen Schema ablaufen: Annähern, klebenbleiben! Wir wissen aber:

Unter normalen Umständen mögen sich zwei Protonen nicht sonderlich. Ihre gleichen elektrischen Ladungen sorgen dafür, dass sie sich umso vehementer abstoßen, je näher sie einander kommen. Angesichts der enormen Bewegungsenergien knallen die Teilchen aber mit solcher Wucht aufeinander, dass die elektromagnetische Kraft nicht viel entgegenzusetzen hat. Und sobald die Starke Wechselwirkung zugreift, ist die elektromagnetische ohnehin abgemeldet. Auf diese Weise gehen fast alle vorhandenen Deuterium-Kerne eine neue Bindung ein und bilden die Kerne des *Heliums*. Die ersten „richtigen" Atomkerne entstehen. Nach nur drei Minuten sind die Verhältnisse geregelt, die Kerne der Elemente Wasserstoff (1 Proton) und Helium (2 Protonen + 2 Neutronen) sind fertig gebacken.

„We are Stardust"

Sowohl Protonen als auch Neutronen sind aus jeweils drei fundamentalen Teilchen, den Quarks, aufgebaut (Abbildung 4.2). Neben den beiden Nukleonen (so werden Protonen und Neutronen wegen ihrer Eigenschaft als Kernteilchen auch bezeichnet) gibt es einige weitere Teilchen, die aus einer Verbindung von zwei oder drei Quarks bestehen. Der Zoo der Elementarteilchen ist ebenso feinsäuberlich durchklassifiziert wie die Vielfalt der lebenden Arten. Immer wenn sich zwei oder drei Quarks zusammenschließen, um ein neues Teilchen zu bilden, nennt man das Resultat ein *Hadron*. Jene aus zwei Quarks heißen *Mesonen*, die Teilchen aus drei Quarks (Protonen, Neutronen und andere) werden als **Baryonen** bezeichnet, was sinngemäß *schwere Teilchen* bedeutet. So will es eben die Nomenklatur der Elementarteilchenphysik.

Die Astronomen können all dem scheinbar wenig abgewinnen. Sie nehmen die Begriffe aus anderen physikalischen Disziplinen auf und biegen sie für ihre Zwecke zurecht. Das geht los bei den chemischen Elementen. Die meisten Physiker und Chemiker sind sich darüber einig, was gemeint ist, wenn von einem *Metall* die Rede ist: Ein Stoff mit metallisch glänzender Oberfläche und hoher elektrischer und thermischer Leitfähigkeit. Astronomen reden *auch* häufig von Metallen, könnten damit aber jedes chemische Element außer Wasserstoff und Helium meinen! Auch Schwefel und Sauerstoff. Basta. Ganz ähnlich ist es mit den Baryonen. Eigentlich handelt es sich bei ihnen um Teilchen, die aus genau drei Quarks zusammengebaut sind, wie eben gesagt. In der Astronomie zählt man praktisch alle Teilchen

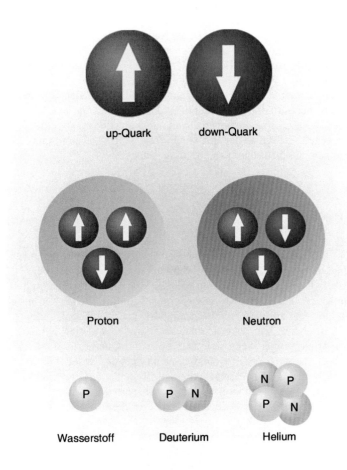

Abb. 4.2 Zusammensetzung der Nukleonen und leichtesten Atomkerne.

zu den Baryonen, gleich, ob sie aus zwei oder drei Quarks bestehen. Sogar das Elektron und seine Geschwister: „Baryonen"! In der Teilchenphysik ordnet man das Elektron den leichten Teilchen zu, den sogenannten *Lepto-nen*. Baryonen sind in der Astronomie das, was man gemeinhin unter gewöhnlicher Materie versteht. Also Sterne, Planeten, das interstellare und intergalaktische Gas, die Elemente des Periodensystems – eben alles, was aus Atomen aufgebaut ist.

Die Zahl der Wasserstoff- und Heliumatome im Universum hat sich bis heute nicht wesentlich verändert. Gleiches gilt für ihr Massenverhältnis: Nach dem Ende der Nukleosynthese, der Entstehung der leichten Elemente, lagen etwa 75 % der baryonischen Materie als purer Wasserstoff vor (nach Gewicht) und 25 % als Helium. Daneben gab es noch winzige Spuren von Lithium, die aber niemanden interessieren. Bevor die ersten Sterne entstanden, war an schwere Atome wie Kohlenstoff, Sauerstoff oder gar Nickel und Eisen nicht zu denken. Sie alle entstanden viel später im Inneren der stellaren Glutöfen, wo sie geduldig über Millionen von Jahren gebacken wurden. Solange ein Stern am Leben und genügend nuklearer Brennstoff in seinem Kern vorhanden ist, bilden sich solche Elemente durch die Verschmelzung – letztlich – von Wasserstoff- und Heliumkernen.

Schwere Atomkerne noch höherer Ordnungszahlen wie Platin, Gold oder Uran sind das „Abfallprodukt" extrem energiereicher Supernova-Explosionen am Lebensende sehr massiver Sterne. Durch die Explosion werden die frischgebackenen Elemente in die Umgebung des Sterns geschleudert und so das interstellare Medium mit Eisen, Nickel und Kohlenstoff, mit Sauersoff, Silizium, Gold und einigem mehr angereichert. Aus diesen Stoffen bilden sich später neuen Sterne und ihre Planeten. Es ist in der Tat so: *We are stardust* – wir sind Sternenstaub! Bis heute ist die gewöhnliche Materie nur zu etwa 2 % mit „Metallen" verunreinigt, von Elementen schwerer als dem Helium. Dies mag uns als Menschen wieder einmal absurd erscheinen, da wir im täglichen Leben kaum etwas anderes als schwere Elemente zu Gesicht bekommen. Nun, nach genauerem Hinblicken können wir ruhig zugeben, dass das lebensnotwendige Wasser zu etwa 17 Gewichtsprozent aus Wasserstoff besteht; aber schon *das* ist wenig verglichen mit dem 75 %igen Wasserstoffanteil im gesamten Universum. Auf und *in* der Erde kommt der Wasserstoff allerdings nur noch auf einen Anteil von weit weniger als einem Prozent. Helium, das andere (hauptsächlich) primordiale Element, trägt so gut wie nichts zum Gewicht der Erde bei. Planeten wie die Erde, *terrestrische* Planeten, sind nun einmal kosmische Müllhalden, die aus dem Abfall der Sterne entstehen.

Heiß oder kalt: Dunkle Materie

Baryonische Materie zeichnet sich durch eine weitere wichtige Eigenschaft aus: Sie nimmt an der elektromagnetischen Wechselwirkung teil, d. h. sie ist in der Lage, Licht zu streuen, zu reflektieren, zu absorbieren oder auch zu erzeugen. Deswegen können wir sie prinzipiell direkt beobachten. Im Laufe der vergangenen hundert Jahre hat man allerdings bemerkt, dass sich in den Galaxien und in der scheinbaren Leere zwischen den Welteninseln eines Galaxienhaufens geradezu gigantische Mengen an Materie aufhalten müssen, von der wir nichts sehen, fühlen, schmecken oder riechen: Materie, die nicht auf elektromagnetischem Wege mit dem Rest des Universums kommuniziert. Dass man sie dennoch entdeckt hat, liegt daran, dass sie sich wie alle (wirklich *alle*) Materie oder Energie durch ihre *Schwerkraft* bemerkbar macht. Scheibengalaxien wie unsere Milchstraße rotieren in ihren äußeren Bereichen wesentlich schneller, als nach ihrem sichtbaren Materiegehalt zu erwarten wäre. Die Galaxien in einem Haufen wirbeln so hurtig umher, dass sie nach den Gesetzen der Newton schen Mechanik in alle Richtungen auseinandertreiben sollten. Dass sie es nicht tun, kann nur an den riesigen Mengen unsichtbaren Materials liegen, die offensichtlich den gesamten Haufen und die einzelnen Galaxien durchziehen. **„Dunkle Materie"**, so nennen wir dieses Material.

Auch von ganz anderer Seite gibt es unbestreitbare Hinweise. Neben den mehr oder minder direkten Nachweismethoden mithilfe der Dynamik von großräumigen Strukturen, Galaxien und Sternen haben die Kosmologen seit wenigen Jahren ein fantastisches Instrument zur Verfügung, mit dem sie in der Lage sind, den kosmischen Mikrowellenhintergrund mit hoher Präzision zu vermessen (siehe nächster Abschnitt). Aus diesen Messungen geht hervor, dass das Universum etwa 27 % der kritischen Materiemenge enthält, die man bräuchte, um den kritischen Dichtewert $\Omega = 1$ zu erreichen (siehe Kasten zum Standardmodell auf S. 8). Die bewährte Theorie der primordialen Elementsynthese macht dagegen eine klare Aussage darüber, wie viel baryonische Materie es im Universum geben sollte, nämlich gerade einmal 4 % jener kritischen Menge. Der Rest muss aus einer unbekannten, dunklen Form bestehen.

Wir kennen die Natur der Dunklen Materie bis heute nicht. Allerdings gibt es einige Vermutungen darüber, mit welchen physikalischen Eigenschaften sie ausgestattet sein muss. Zunächst einmal nimmt sie offensichtlich nicht an der elektromagnetischen Wechselwirkung teil, denn sonst hätte man längst Strahlung von der Dunklen Materie einfangen müssen. Je nachdem, ob die Dunkle-Materie-Teilchen nach ihrer Entkopplung vom Strahlungshintergrund des frühen Universums eher geringe oder hohe Geschwindigkeiten besitzen, unterscheidet man zwischen *kalter* und *heißer Dunkler Materie*, kurz CDM oder HDM (vom Englischen *Cold/Hot Dark Matter*). Die Teilchen der CDM, welche auch immer dafür infrage kämen, müssten von hoher Masse sein. Das würde gewährleisten, dass sie sich nach ihrer Entkopplung mit Geschwindigkeiten weit unterhalb der Lichtgeschwindigkeit bewegten. Im Gegensatz dazu sollten HDM-Teilchen geringe Masse besitzen.

Die Frage, von welcher dieser Arten der Kosmos erfüllt ist, war lange Zeit völlig offen. Für beide Sorten versuchte man, geeignete Kandidaten ausfindig zu machen. Die HDM-Idee schien zunächst naheliegender, weil man für sie einen konkreten Anwärter zur Hand hatte, die oben bereits erwähnten Neutrinos. Sie gehorchen nur der schwachen Wechselwirkung, und sie sind leicht. *Zu* leicht, wie man inzwischen weiß! Um dem Universum genügend Masse liefern zu können, müsste ein Neutrino wenigstens das Gewicht von einem Zehntausendstel des Elektrons haben; tatsächlich ist es mehr als 200 000 Mal leichter als das Elektron. Auch von der HDM an sich ist man inzwischen abgekehrt. Mit ihr hätte die Bildung kosmologischer Strukturen einen vollkommen anderen Weg genommen als jenen, den man heute für gesichert hält.

Kalte Dunkle Materie würde qualitativ in unser Bild von der Strukturbildung passen. Aber welche Teilchen kämen hierfür infrage? Um es vorwegzunehmen: Man weiß es nicht. Gleichwohl fehlt es nicht an Ideen. Um in den Kreis der Kandidaten aufgenommen zu werden, muss ein Teilchen im Wesentlichen drei Bedingungen erfüllen: Es muss schwer sein, es darf nur schwach und (natürlich) gravitativ wechselwirken, und es muss (natürlich) stabil sein, d. h. es darf nicht nach einer gewissen Zeit in andere Teilchen zerfallen.

Seit vielen Jahren wird in der Elementarteilchenphysik eine Klasse von Theorien untersucht, die jedem existierenden Teilchensorte eine Partnersorte mit wohldefinierten Eigenschaften zuschreibt, einen *Superpartner*, wie man sagt. Für das Photon soll es demnach ein sogenanntes *Photino* geben, der mögliche Partner des Higgs-Teilchens wäre das *Higgsino*. Für das Neutron gäbe es ein *sNeutron* oder *Sneutron*, für das Elektron ein *Selektron*. Die Namensgebung folgt einem Prinzip, das wir hier nicht ausbreiten müssen. Auf diesen supersymmetrischen Teilchen lastet die Hoffnung der Kosmologen. Das Schöne an ihnen (den Teilchen) ist, dass sie extrem schwer sind (ein Vielfaches der Protonenmasse) und nur der schwachen Wechselwirkung unterliegen. Das würde die CDM dynamisch kalt machen, wie man es haben möchte. Das Problem dabei: Man hat bisher kein einziges dieser Teichen nachweisen können.

Wie es zurzeit heißt, soll im Sommer dieses Jahres (2008) nun endlich der LHC, der *Large Hadron Collider* am Schweizer Kernforschungszentrum CERN in Betrieb gehen. Er wird das Bollwerk der Elementarteilchenphysik für die nächsten Jahre, vielleicht Jahrzehnte sein. Nie zuvor hat man die Welt des Allerkleinsten mit solch scharfen Augen inspiziert; soll heißen: Der LHC bringt subatomare Teilchen mit noch nie da gewesenen Energien zur Kollision. Aus der Beobachtung der Kollisionsfragmente können die Wissenschaftler richtungsweisende Informationen über den Aufbau und die Physik der Materie gewinnen. So läuft das schon seit Jahrzehnten. Nun aber hofft man, eine neue Schwelle zu überschreiten und das sagenumwobene Higgs-Teilchen zu finden, das nach der gängigen Theorie der Materie eine seiner fundamentalsten Eigenschaften verleiht, seine Masse. Und: Man hofft, zum ersten Mal supersymmetrische Teilchen nachzuweisen! Mit ein bisschen Optimismus darf man sich also in den nächsten Jahren auf einen großen Schritt hin zur Entschlüsselung der Dunklen Materie freuen.

Von den „Teilchen der Dunklen Materie" zu reden, ist eine sehr anonyme Angelegenheit, da wir ja nicht wissen, um welche Teilchen es sich dabei wirklich handelt. Hier haben findige Kosmologen Kreativität und Humor bewiesen. Da die gesuchten Teilchen schwer sein und schwach wechselwirken sollen, sucht man nach „*weakly interacting massive particles*", kurz **WIMPs**! Im Englischen ist ein *wimp* ein Feigling, ein „Warmduscher", ein „Rührmichnichtan". Unbemerkt stehen sie sich durch jedes noch so dichte Material und jeden noch so dicken Block, anstatt mit den Atomen der Detektoren zu interagieren, die die Physiker mit großem Aufwand konstruiert haben. Ganze Sterne und Planeten durchwandern sie, ohne dabei irgendeine Spur ihrer Existenz zu hinterlassen. Es ist beinahe unmöglich, den WIMPs auf die Schliche zu kommen.

Das Flaggschiff der Kosmologen

Auch die Kosmologen haben ihr Flaggschiff. Vor sieben Jahren (2001) hat es die Erde im Gepäck einer Delta-II-Rakete der NASA verlassen und sich auf den Weg in seine Umlaufbahn gemacht. Anders als gewöhnliche *Satelliten* umkreist WMAP, so der Name, nicht die Erde, sondern die Sonne. Deswegen spricht man besser von einer *Raumsonde*. Ihr Umlauf erfolgt synchron mit der Erde auf einem sogenannten *Lagrange-Punkt*. Dieser Ort liegt ca. 1,5 Millionen Kilometer „hinter" der Erde auf der Verlängerung des Erdbahnradius' (Abbildung 4.3). Solche Lagrange-Punkte gibt es nur in rotierenden Bezugssystemen. Das Besondere an ihnen ist, dass ein Himmelskörper oder eine Raumsonde durch das Zusammenspiel von Gravitations- und Fliehkräften dort stabil „verankert" werden kann. Durch eine solche Stationierung ist es möglich, eine bestimmte Himmelsregion quasi permanent zu beobachten. Auf einer Erdumlaufbahn würde sich der Satellit während der Hälfte der Beobachtungszeit im Sichtschatten der Erde befinden.

Der Name WMAP steht für *Wilkinson Microwave Anisotropy Probe*. David Todd Wilkinson war ein amerikanischer Astrophysiker und gehörte zu den Pionieren, was die Erforschung der kosmischen Hintergrundstrahlung anbelangt. Nach seinem Tod im Jahre 2002 wurde die ursprüngliche Bezeichnung „MAP" ihm zu Ehren um das Initial seines Nachnamens erweitert. Wie der Name weiter verrät, dient die Mission der Vermessung

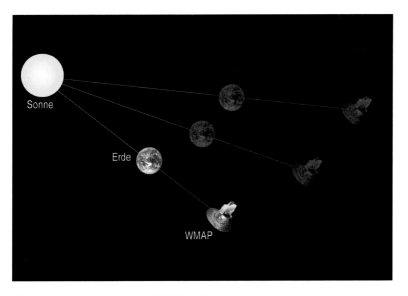

Abb. 4.3   Die Raumsonde WMAP befindet sich in einem der sogenannten *Lagrange-Punkte* der Erde. Dort umkreist sie die Sonne synchron mit der Erde und entgeht deren Sichtschatten.

der Hintergrundstrahlung – besser gesagt: der winzigen Schwankungen darin (siehe Abbildung 4.4). Die Fluktuationen der CMBR sind quasi die direkten Nachkommen der primordialen Dichteschwankungen, von denen im 3. Kapitel so ausführlich die Rede war. Das Muster, das sie in den Himmel zeichnen, ist keineswegs völlig willkürlich. Es wurde durch den Einfluss zahlreicher physikalischer Prozesse im jungen Universum erzeugt – Prozesse, die sehr wohl mit gängiger Physik verstehbar sind. Und gerade *das* macht die Anisotropien so interessant und wertvoll: Indem man nämlich das Originalmuster der CMBR-Fluktuationen mit den theoretisch berechneten Modell-Mustern abgleicht, gelingt es, zahlreiche Schlüsselparameter der Kosmologie mit hoher Zuverlässigkeit zu bestimmen.

Selbst das Modell des heißen Urknalls an sich erfuhr durch WMAP eine noch überzeugendere Bestätigung. Seit WMAP datiert man das Alter des Universums mit einiger Genauigkeit auf 13,7 Milliarden Jahre. Man ist überzeugt, dass das Universum – wie gesagt – zu etwa 4 % aus Baryonen und zu 23 % aus Dunkler Materie besteht (gemessen an der kritischen Dichte). Der große Rest, etwa 73 %, ist von sogenannter Dunkler Energie erfüllt, deren Natur noch geheimnisvoller und unverstandener ist als die der Dunklen Materie.

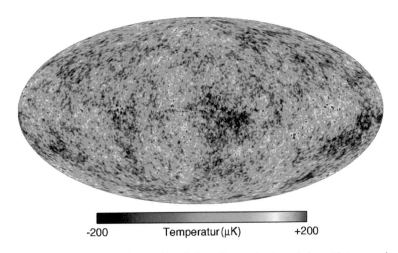

-200   Temperatur (μK)   +200

Abb. 4.4 Temperatur- bzw. Dichtefluktuationen der kosmischen Hintergrundstrahlung, wie sie von WMAP aufgezeichnet wurden. Die Abweichungen der Temperatur vom Durchschnitt betragen lediglich 200 μK (0,0002 K).

Seit WMAP können wir auch sehr genau den Zeitpunkt angeben, an dem das Universum kühl genug wurde, so dass sich die Atomkerne und Elektronen zu fertigen Atomen verbinden konnten. Dieses Ereignis gehört zu den einschneidendsten in der Geschichte des Universums. Man spricht pauschal von der Entkopplung; gemeint ist die Entkopplung von Strahlung und Materie: Nach dem Zusammenschluss der Atomkerne und Elektronen wurde das kosmische Fluidum elektrisch neutral, so dass die elektromagnetische Strahlung nicht weiter in ihm gestreut wurde. Zum ersten Mal seit dem Urknall konnte sich die Strahlung ungehindert ausbreiten und das Universum mit Licht fluten. Dies war die Geburtsstunde der kosmischen Hintergrundstrahlung, die wir heute mit WMAP analysieren. Sie wird auch für den Verlauf der Strukturbildung von zentraler Bedeutung sein. Wie sich die primordialen Fluktuationen aus ihrem embryonalen Stadium herauswinden und zu wachsen beginnen, welchen Hindernissen und Einflüssen sie dabei unterliegen, davon handelt das nächste Kapitel.

Kapitel 5

Getrennte Wege

Die Entkopplung von Strahlung und Materie war ein Meilenstein in der Geschichte des Kosmos, gerade für das Wachstum der Strukturen. Während die Dunkle Materie schon prächtig gedeiht, leidet die Baryonische unter Entwicklungsverzögerungen.

Wir lassen die Inflation und das Werden der Teilchen und Elemente hinter uns und widmen uns wieder den Inhomogenitäten von Strahlung und Materie. Zwei Dinge sind im Wesentlichen für die Ausbildung der großen Strukturen vonnöten. Zum einen das Material, aus dem sich die Strukturen bilden sollen, zum anderen einen Motor, der den Antrieb dafür liefert. Wenn ich sage „die Strukturen", dann vermeide ich für den Augenblick ganz bewusst die Begriffe *Sterne* und *Galaxien*. Die Vielfalt des Universums hat noch anderes zu bieten, wie wir im lctzten Kapitel gesehen haben: Mehr als von Atomen, Planeten, Sternen und Galaxien ist der Kosmos durchsetzt von Dunkler Materie.

Überdies versteht es sich von selbst, dass die Dichtefluktuationen der baryonischen Materie in derselben Weise auch den Teilchen der Dunklen Materie aufgeprägt waren. Wenigstens zu Beginn, als die Dunkle Materie aus dem Strahlungshintergrund hervorging, darf man davon ausgehen, dass die Dichtefelder der Dunklen und der baryonischen Materie identisch waren. Die weitere Entwicklung der beiden Komponenten nahm indes sehr unterschiedliche Verläufe. Wir haben gesehen, dass im frühen Universum energiereiche Strahlung und Materie koexistieren. Das bleibt so bis etwa 380 000 Jahre nach dem Urknall. In dieser Zeit wirken die elektrischen Ladungen der Atomkerne und Elektronen wie kleine „Griffe", an denen die elektromagnetische Strahlung die Teilchen packen und mit sich reißen kann. Wir sollten deshalb erwarten, dass die Entwicklung der gewöhnlichen Materie durch die Gegenwart der Strahlung massiv beeinflusst wird.

Den WIMPs der Dunklen Materie fehlen solche Griffe. Nicht nur, dass sie nicht elektrisch geladen wären, sie sind gegen elektromagnetische Einflüsse sogar völlig immun. Dunkle Materie und elektromagnetische Strahlung sind vollkommen blind für einander!

! Die geladenen Atomkerne und Elektronen unterliegen dem Einfluss der
  allgegenwärtigen elektromagnetischen Strahlung im frühen Universum.
Dunkle Materie ist gegen diesen Einfluss immun.

Die WIMPs könnten also von Beginn an ihren eigenen Weg gehen – aber
auch für sie gibt es Hindernisse, wie man noch sehen wird.

Die Epoche im Überblick

Man kennt den Zeitpunkt dank WMAP recht genau: 380 000 Jahre nach
dem Urknall gab es einen globalen Phasenübergang im Kosmos, den wir
als *Rekombination* oder *Entkopplung* bezeichnen. Das Antlitz des Universums veränderte sich mit jenem Prozess gewaltig – es wurde durchsichtig!
Strahlung und baryonische Materie gingen von nun an mehr oder minder
getrennte Wege. Dies hatte für das Wachstum der Fluktuationen markante
Auswirkungen, da die Atome sich fortan unbehelligt dem Schaffensdrang
der Gravitation hingeben konnten. Was geschieht mit dem Universum während dieser ersten 380 000 Jahre? Zwei Dinge vor allem: Es dehnt sich aus
und kühlt sich ab. Die Vor-Rekombinations-Epoche ist von enormer Wich-
tigkeit für die Entwicklung der Dichtefluktuationen. Es lohnt sich also, ihren Verlauf kurz nachzuvollziehen.
    Die Uhr zeigt immer noch drei Minuten nach dem Urknall. Alle Mate-
rie/Energie des Universums liegt im Moment in Form von drei klar unter-
scheidbaren Komponenten vor.

1. Baryonische Materie (Elektronen, Atomkerne)

2. Dunkle Materie (WIMPs)

3. Strahlung (Photonen, Neutrinos)

Protonen und Heliumkerne tragen elektrische Ladungen mit sich, was sie an
die Strahlung bindet. Die WIMPs dagegen sind elektromagnetisch „blind".
Zur Strahlung zählen wir nicht nur die Photonen des elektromagnetischen
Feldes, sondern auch die hochrelativistischen (also beinahe lichtschnellen)
Neutrinos. Wie die WIMPs entkoppelten sie etwa 1 Sekunde nach dem Urknall vom Rest des Universums und driften seither ungehindert und unge-
bremst durch das All.
    Die *Strahlungsenergie* im heutigen Universum konzentriert sich im We-
sentlichen in der kosmischen Hintergrundstrahlung und nicht etwa im grel-

len Licht der Sterne und Galaxien. Ihr Anteil an der *gesamten* kosmischen Energiedichte beträgt allerdings nur einige zehntel Promille und ist kaum der Rede wert. Das war unmittelbar nach dem Urknall ganz anders.

Das strahlungsdominierte Universum

Mit der Expansion verdünnt sich das kosmische Substrat. Die Verteilung der Materie wird in die Weite gezogen, pro Kubikmeter finden wir im Durchschnitt weniger und weniger Protonen. Mit anderen Worten: Die Energiedichte der Materie nimmt mit der Expansion ab, und das ist auch kaum überraschend.

Gleiches gilt für die Strahlung. Ihre Energiedichte hängt zunächst davon ab, wie viele Photonen (oder Neutrinos) sich durchschnittlich in jedem Kubikzentimeter aufhalten. Diese Zahl wird sich mit der Expansion in demselben Maße ändern wie die Dichte der Protonen. Strahlung ist aber noch einem zusätzlichen Effekt unterworfen. Die Expansion reduziert nämlich nicht nur ihre „Dichte", sondern zieht auch die elektromagnetischen Wellen in die Länge (wie den Wellenzug auf einem Luftballon). Rotverschiebung! – wir sprachen auf Seite 14 davon. Dieser Effekt raubt jedem einzelnen Photon zusätzlich Energie, denn nach der Quantentheorie ist die Energie eines Photons umso höher, je kleiner die Wellenlänge der Strahlung ist. Insgesamt also „leidet" die Energiedichte der Strahlung mehr unter der Expansion als die der Materie.

Das bedeutet umgekehrt aber, dass die Bedeutung (der relative Anteil) der Strahlungsenergie mehr und mehr zunimmt, wenn wir die Uhr rückwärts drehen in die Zeit des frühen Universums! Diese Zunahme lässt sich ganz genau angeben, denn die mathematischen Zusammenhänge sind hier sehr einfach. Mit einer kurzen Rechnung kann man zeigen: Wenige Minuten nach dem Urknall ist die Strahlung als Energieträger nicht nur relevant, sondern absolut dominant! Zwar schwindet diese Dominanz mit der Zeit, dennoch hält sie immerhin etwa 30 000 Jahre, bis die Energiedichte der Materie gleichzieht und der Strahlung für immer den Rang abläuft. Häufig unterteilt man die Geschichte des Universums in eine strahlungsdominierte und eine materiedominierte Epoche.

Die Geschichte des Universums ist besonders in der Epoche vor der Entkopplung die Geschichte seiner thermischen Entwicklung. Alles hängt an der Temperatur. Die Folge der physikalischen Prozesse wird alleine durch sie geordnet. Strahlung und Materie entkoppeln 380 000 Jahre *nicht*, weil die *Zeit*, sondern die *Temperatur* dafür reif war! Natürlich hängen Zeit und Temperatur über das Bindeglied der Expansion aufs Engste zusammen.

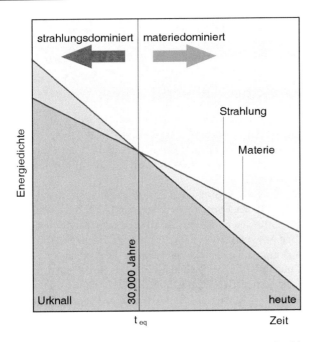

Abb. 5.1 In den ersten 30 000 Jahren war das Universum von Strahlung dominiert. Da sich ihre Energiedichte mit der kosmischen Expansion schneller vermindert als die der Materie, kommt es nach 30 000 Jahren zu einem „Machtwechsel".

Die Neuordnung der Machtverhältnisse zwischen Strahlung und Materie nach 30 000 Jahren geht mit einem interessanten Effekt einher, der mit der kosmologischen Expansion zu tun hat. Als Gegenspieler der Expansion versucht die Gravitation wie ein Gummiband das Universum klein und kompakt zu halten. Der sich ausdehnende Raum muss gegen dieses Bestreben Energie aufwenden; Energie, die auf Kosten der „Geschwindigkeit" geht, mit der sich das Universum ausdehnt – die Expansion verlangsamt sich deshalb mit der Zeit (siehe Kasten zum Standardmodell auf S. 8). Wie eben besprochen, verliert die Strahlung pro „Expansionskilometer" mehr Energie als die Materie. Darum ist es leichter für das Universum, sich Energie für die Expansion zu „stehlen", solange die Energie im Wesentlichen in der Strahlung steckt. Der Dunklen und baryonischen Materie lässt sich die Energie nicht so bereitwillig entziehen. Mit dem Übergang vom strahlungs- zum materiedominierten Kosmos drückt das Universum deshalb noch stärker auf die Bremse als zuvor und expandiert etwas langsamer!

Freie Bahn für Licht

Dennoch nimmt die Expansion unaufhaltsam ihren Lauf, und in gleichem Maße fällt die Temperatur. Im Augenblick der Materie-Strahlungs-Gleichheit liegt sie bei etwa 9000 K. Allerdings verläuft die Entwicklung des Kosmos mittlerweile sehr monoton. Nach den turbulenten und ereignisreichen ersten Minuten geschieht kaum etwas Erwähnenswertes, bis es nach 30 000 Jahren zur Äquivalenz von Strahlung und Materie kommt. Danach wird es sogar weitere 350 000 Jahre dauern, bis die kosmische Evolution erneut einen Meilenstein erreicht.

Die Dynamik wird nun (nach 30 000 Jahren) von der Energiedichte der Materie geregelt, deren baryonischer Anteil immer noch in Form eines **Plasmas** vorliegt: als heißes, hochenergetisches Gas geladener Elektronen und Atomkerne. Immer wieder kommt es vor, dass ein Elektron seiner Bestimmung gemäß sich in den Einflussradius eines Atomkernes begibt und mit ihm eine Verbindung zum neutralen Atom eingeht. Solange aber die Temperatur im Universum hoch genug ist, gibt es zu viele energiereiche Photonen, die das Elektron sogleich wieder aus dem Verbund schlagen. Auf diese Weise kann sich keine nennenswerte Zahl von neutralen Atomen ausbilden. Diese Situation ändert sich, sobald die globale Temperatur 380 000 Jahre nach dem Urknall auf etwa 1500 K fällt. Zwar gibt es in einer solchen Umgebung immer noch viele energiereiche Lichtquanten, doch ist ihre Anzahl inzwischen zu gering, um die Mehrheit der Elektronen und Atomkerne getrennt zu halten. Das ionisierte Plasma verwandelt sich binnen kurzer Zeit in ein neutrales Gas.

Von diesem Moment an verbergen die Teilchen der baryonischen Materie ihre „Griffe", die elektrische Ladung, an der die Photonen bislang angreifen konnten. (Atome sind nach außen hin elektrisch neutral.) Dies hat für die Strahlung und die Atome gleichermaßen Konsequenzen: Beide leben fortan ihr eigenes Leben und bewegen sich frei durch den Raum. Die Photonen machen sich auf die Reise durch Milliarden von Jahren und Lichtjahren, um noch heute als Kosmische Hintergrundstrahlung auf unsere Teleskope zu fallen. Und die Atome? Sie können endlich ungehindert ihrem Bestreben nachgehen, sich umeinander zu formieren und immer Ansammlungen zu bilden – lokale Verdichtungen hier und da, die mehr und mehr Material aus der Umgebung auf sich ziehen. Die Formierung der Strukturen gewinnt an Fahrt!

Das Antlitz der Schöpfung

Man kann es nicht genug betonen: WMAP, die 800 Kilo schwere Raumsonde hat der Kosmologie das Tor zu einem goldenen Zeitalter eröffnet. Vorbei
die Zeit von Vermutung und Spekulation, von Glaube und Hoffnung. Vieles, was die kosmologische Forschung in den vergangenen hundert Jahren
an Theorie auf den Weg gebracht hat, kann auf Herz und Nieren geprüft
werden, seit wir Signale von der Raumsonde empfangen. Plötzlich ist es
möglich, die Kindheit des Universums zu vermessen. Und bevor es WMAP
gab? Immerhin entdeckte und vermaß man die Hintergrundstrahlung schon
vor Jahrzehnten mithilfe einer einfachen Hornantenne in New Jersey. Die
Weichen in Richtung einer überzeugenden Bestätigung der Urknalltheorie
wurden schon in den 60er-Jahren gestellt.

Als man die Hintergrundstrahlung fand, hatte man längst eine klare Vorstellung davon, wie es (im Prinzip) zur Bildung der großen Strukturen kam.
Der Theorie des heißen Urknalls zufolge musste das klumpige Universum
ja aus einem hochgradig glatten, strukturlosen hervorgehen. Die Idee lag
also nicht allzu fern, dass im frühen Universum bereits winzige Unebenen-
heiten und lokale Überdichten vorhanden sein mussten, die mehr und mehr
Materie aus der Umgebung durch ihren gravitativen Sog aufsammelten. Ein
Effekt, der sich übrigens selbst verstärkt: Je mehr Gas, Staub oder Dunkle
Materie sich um eine lokale Verdichtung konzentriert, umso stärker fällt
die Scherkraftwirkung auf die Umgebung aus. So kann im Laufe der Zeit
eine unscheinbare Überdichte zu einem gewaltigen Sammelbecken für Materie auswachsen. Unter den Umständen, wie wir sie gewohnt sind, füllt
eine bestimmte Menge Gas den gesamten verfügbaren Raum gleichmäßig
aus. Denken Sie an die Luft in den Räumen Ihrer Wohnung. Anders in dem
geschilderten kosmologischen Szenario: Dort verhindert die Eigengravitation der lokalen Überdichten eine gleichförmige Verteilung der Materie.
Man spricht deswegen von einer *gravitativen* oder **Gravitations-Instabilität**.

Aus der Verteilung der Galaxienhaufen, wie man sie im heutigen Universum beobachtet, konnte man abschätzen, dass die lokalen Schwankungen
der Dichte etwa 1‰ betragen mussten, als die Hintergrundstrahlung von
der Materie entkoppelte. Nach ihrer Entdeckung den 60er-Jahren wurde die
CMBR nach allen Regeln der Kunst untersucht und vermessen. Doch selbst
die präzisesten Instrumente zeigten an, dass die Strahlung scheinbar vollkommen homogen über den Himmel verteilt sein musste. Mit den Jahren
gelang es, die Beobachtungstechniken zu verfeinern. Die Empfindlichkeit

der Teleskope war inzwischen so weit gediehen, dass man mit ihnen Dichteschwankungen von 1:10 000 hätte nachweisen können – ohne Erfolg!

Die Situation wurde verfahren, die Kosmologen wurden nervös. 1980, 15 Jahre nach der Entdeckung der CMBR, brachte es der britische Astronom Geoffrey Burbidge (*1925) auf den Punkt: „Wenn wir keine Unebenheiten in der Hintergrundstrahlung finden, macht es keinen Sinn mehr, am alten Bild der Galaxien-Entstehung festzuhalten!" Dies würde einem Erdbeben in der kosmologischen Forschung gleichkommen.

Inzwischen konnten die Forscher CMBR-Fluktuationen von mehr als 0,01 % mit Sicherheit ausschließen. Sollte sich die Theorie von der gravitativen Instabilität in der Tat als falsch erweisen?

Die 80er-Jahre zogen ins Land, und eine Lösung des Problems war nicht in Sicht. Aber Not macht erfinderisch, heißt es. In den Gehirnen der Wissenschaftler wurden Verbindungen geknüpft und neue Denkwege vernetzt. Irgendwann, wohl aus purer Verzweiflung, begannen zwei Wörter durch die wissenschaftlichen Gemeinde zu geistern, die die Astronomen seit geraumer Zeit kannten, aber doch stets ein wenig mit Argwohn betrachteten. „Dark Matter" – Dunkle Materie! Könnte *sie* der Schlüssel zum Verständnis der Galaxienentstehung sein?

Rettung aus dem Dunklen Universum?

Die Idee war im Grunde die Folgende: Dunkle Materie (DM) koppelte etwa eine Sekunde nach dem Urknall von der restlichen Substanz des Universums ab und konnte sich seit Beginn der materiedominierten Phase völlig autonom entwickeln. (Wir sprachen schon davon). Die Dichteschwankungen der DM begannen also sehr früh, sich durch ihre *Eigengravitation* zu verstärken. Dabei ließ sie sich nicht von der allgegenwärtigen Strahlung abhalten – Dunkle Materie kennt keine elektromagnetische Wechselwirkung. Währenddessen konnten sich in der baryonischen Materie wegen des ständigen Bombardements durch die Photonen kaum irgendwelche Regionen von nennenswert hoher Dichte ausbilden. Ich erinnere an das Bild vom Laub im heftigen Wind. Plötzlich, nach der Entkopplung, gab es nur noch freie Atome, die von der Strahlung nicht mehr behelligt wurden. Die Protonen und Elektronen hatten plötzlich ein Ziel, nachdem sich der Nebel lichtete: Dort, wo sich seit Hunderttausenden von Jahren bereits die Dunkle Materie sammelte, wollten auch sie hin: Die Dunkle Materie machte den

Atomen „ein Schwerkraft-Angebot, das diese nicht ablehnen konnten" (Harald Lesch). Mithilfe der DM konnten die Baryonen so in kurzer Zeit nachholen, was ihnen vor der Entkopplung verwehrt geblieben war: selbst in überdichte Regionen zu wandern und eigene „Siedlungen" zu bilden.

Von den „überdichten Regionen" war bereits und wird noch viel die Rede sein. Das Wesentliche an solchen Regionen ist, dass sie eine erhöhte Gravitationskraft auf ihre Umgebung ausüben. In der Physik beschreibt man ein Kraftfeld oft mithilfe des sogenannten *Potenzials*. Je stärker sich das Potenzial über einen gewissen Raumbereich ändert, umso stärker ist die Kraft, die durch das Potenzial hervorgerufen wird. Abbildung 5.2 illustriert den Verlauf des Potenzials in der Umgebung eines Sterns. Wegen der Form Potenziallinien spricht man oft von einem **Potenzialtopf**. Jeder Stern, jeder Planet, jede Galaxie und insbesondere jede Verdichtung im frühen Universum stellt einen Potenzialtopf dar.

Weil bis zu Entkopplung nur die baryonische Materie in Wechselwirkung mit der Strahlung stand, konnte auch nur *sie* Signaturen in der CMBR hinterlassen. Das bedeutet, dass wir der Hintergrundstrahlung lediglich die weit schwächeren Anisotropien der baryonischen Materie ansehen. Die

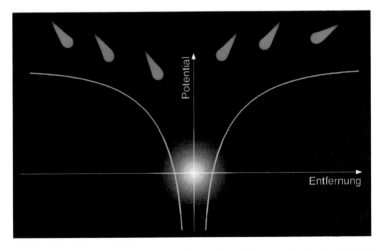

Abb. 5.2 In der unmittelbaren Umgebung eines Sterns verläuft sein Gravitationspozential sehr steil. Entsprechend hoch ist seine Anziehungskraft auf andere Massen; in großer Entfernung übt der Stern deutlich weniger Kraft aus, die Potenziallinien verlaufen flach. Jedes massebehaftete Objekt – auch eine Dichtefluktuation – ist von einem „Potenzialtopf" umgeben.

CMBR-Fluktuationen könnten also durchaus weit geringer ausfallen, als man lange Zeit dachte!

Der NASA-Satellit COBE wurde am 18. November 1989 von einer Delta-Rakete auf eine Erdumlaufbahn gebracht. Zum ersten Mal sollte die Hintergrundstrahlung jenseits aller störenden Einflüsse durch die Erdatmosphäre untersucht werden. Natürlich war man besonders gespannt darauf, ob COBE die *wrinkles*, wie es im Englischen heißt, die erhofften kleinen Runzeln in der Strahlung endlich finden würde. Sechs Monate nach Beginn der Mission lieferte COBE die Daten der bis dahin genauesten Vermessung der Hintergrundstrahlung: Keine Runzeln, nichts dergleichen. Nichts, was auf frühe Dichteschwankungen hindeuten würde. Aber COBE war mit seiner Datensammlung noch nicht am Ende. Ein weiteres halbes Jahr war vergangen, als sich die Wissenschaftler mit der doppelten Datenmenge erneut auf die Suche begaben. Und dieses Mal hatten sie Erfolg! Steven Hawking nannte es „die größte Entdeckung des Jahrhunderts, wenn nicht aller Zei-

Abb. 5.3 Der amerikanische Astrophysiker George Smoot von der University of California in Berkeley leitete die Entwicklung und den Einsatz des *Differential microwave radiometer* „DMR". Mithilfe dieses Instrumentes wurden zum ersten Mal Temperaturschwankungen in der komologischen Hintergrundstrahlung nachgewiesen. Im Jahre 2006 erhielt Smoot dafür den Nobelpreis für Physik, zusammen mit John C. Mather, der ebenfalls ein Kernprojekt der COBE-Mission leitete.

ten!". Andere sprachen vom „Antlitz der Schöpfung". In aller Welt wurde die Entdeckung der Fluktuationen mit beinahe religiöser Euphorie gefeiert. Nach den Jahren der Suche, nach allem Hoffen und Bangen gab es keinen Grund mehr, zu zweifeln: Die Hintergrundstrahlung trägt winzige Falten und Kräuselungen! Man hatte die ältesten Strukturen des Kosmos gefunden. Strukturen, die zum Teil durch die Inflation selbst in den Raum geprägt wurden. Je nach Beobachtungsrichtung unterschied sich die Temperatur der Strahlung um wenige einige zehntausendstel Kelvin, bei einer Durchschnittstemperatur von 2,725 K! Die Diskussionen um den Mechanismus der Strukturbildung fanden ein Ende, das plausible Bild von der Gravitations-Instabilität hatte sich bewährt. Alle Teile des Puzzles ließen sich schön ineinanderfügen.

Es wäre ein kühnes Unterfangen, die Dichte der Gas-Verteilung zur Zeit der Entkopplung *direkt* messen zu wollen. Wesentlich einfacher ist es, die

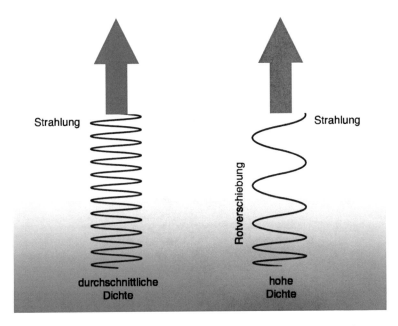

Abb. 5.4 Elektromagnetische Strahlung, die aus einer überdichten Region entweicht (rechts), verliert dabei Energie; ihre Wellenlänge wird in den roten Bereich verschoben.

Temperatur der Strahlung aus verschiedenen Richtungen zu bestimmen. Deshalb habe ich eben von den *Temperatur*schwankungen in der CMBR gesprochen. Zwischen der Temperatur der CMBR und der lokalen Dichte des Gases, das die Strahlung abgibt, besteht nämlich ein unmittelbarer Zusammenhang: Je dichter das Gas zusammengedrängt ist, umso höher

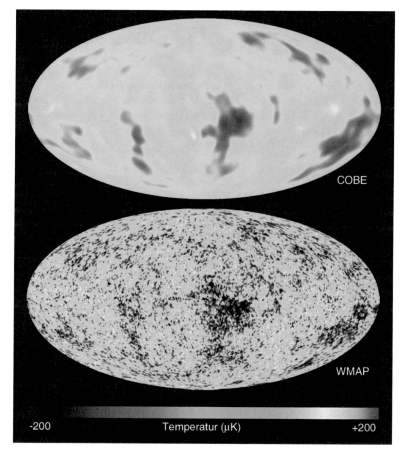

Abb. 5.5 COBEs Entdeckung der CMBR-Fluktuationen Anfang der 1990er-Jahre (oben) ist von unschätzbarer Bedeutung für die Kosmologie. WMAP lieferte ein Jahrzehnt später eine wesentlich höher aufgelöste Karte der Fluktuationen.

ist zunächst seine Temperatur. Da sich das Gas und die Strahlung bis zur Entkopplung im thermischen Gleichgewicht befinden, besitzen die Strahlungsquanten im Durchschnitt die gleiche Temperatur bzw. Energie wie ihre Umgebung. Wie Sie wissen, sind nach der speziellen Relativitätstheorie Energie und Masse äquivalent. Photonen haben ein Gewicht! Verlässt nun ein Strahlungsquant den Potenzialtopf einer überdichten Region, um sich auf den Weg zu uns zu machen, verliert es Energie im Schwerefeld dieser Region – genau wie ein Ball, den man senkrecht nach oben schießt. Die Photonen aus den besonders dichten Regionen kommen also mit etwas geringerer Energie (also rotverschoben!) bzw. mit geringerer Temperatur bei uns an (Abbildung 5.4).

Die farblich codierten Bereiche in der COBE-Himmelskarte (Abbildung 5.5 oben) zeigen uns die Himmelsregionen, aus denen die Photonen mit unterschiedlichen Rotverschiebungen zu uns gelangen. Sie liefern uns eine Eins-zu-eins-Abbildung der Materieverteilung zur Zeit der Entkopplung, 380 000 Jahre nach dem Urknall.

WMAPs scharfer Blick

Der Erfolg von COBE stellt einen ewigen Meilenstein der Kosmologie dar. 1993 hat er seine wissenschaftlichen Aufgaben zur Freude aller beteiligten Forscher erfüllt. Um den Fluktuationen der CMBR aber noch mehr und genauere Informationen zu entlocken, musste man einen Schritt weiter gehen: 2001 fiel der Startschuss des Nachfolgers WMAP.

Das Neue an WMAP war allem voran die unheimliche Präzision seiner Messungen. Nie zuvor war man in der Lage, eine solch akkurate, flächendeckende Karte des Mikrowellenhintergrundes zu studieren. Die Winkelauflösung von WMAP war gegenüber COBE um einen Faktor 35 verbessert! COBEs Augen waren in der Tat so unscharf, dass mit ihm keine Strukturen kleiner als 7° zu erkennen waren. 7°, das sind 14 Vollmond-Durchmesser! Ganz anders WMAP: Seine Instrumente können sogar die Mare-Strukturen auf dem Mond identifizieren. Dass diese High-Tech-Sensoren so unscharf sind, mag Sie verwundern. Bedenken Sie aber: die Instrumente sind dafür ausgelegt, im Mikrowellenbereich zu „sehen", in einem Bereich also, dessen Wellenlängen um das mindestens 100 000-Fache größer sind als die feinen Lichtwellen, die wir mit unseren Augen wahrnehmen. Die untere Karte in Abbildung 5.5) zeigt die im Vergleich zu COBE deutlich feiner aufgelöste WMAP-Karte der Hintergrundstrahlung.

Die aus den WMAP-Daten abgeleiteten Werte der kosmologischen Parameter (Mittlere Dichte, Anteil der baryonischen und der Dunklen Materie, Expansionsrate, Alter des Universums, Zeitpunkt der Entkopplung und viele mehr) gelten heute in der Astrophysik als Referenz schlechthin. Um

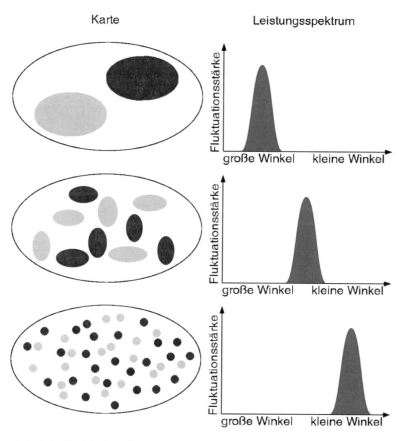

Abb. 5.6 Großskalige Fluktuationen in der Hintergrundstrahlung (links oben) erzeugen einen Peak im Bereich großer Winkel im Leistungsspektrum (rechts oben). Kleine Fluktuationen verursachen einen Ausschlag im Bereich kleiner Winkel. Nach diesem Prinzip lässt sich ein Leistungsspektrum der CMBR erstellen.

derart zuverlässige und genaue Resultate zu erzielen, genügt es natürlich nicht, nur lange genug die bunte Karte der Fluktuationen anzuschauen. Die Fluktuationen auf den verschiedenen Skalen müssen stattdessen in handfeste Zahlen übersetzt werden.

Das Prinzip ist in Abbildung 5.6 dargestellt, in der drei Fälle unterschieden sind. Im oberen Oval besteht die Anisotropie nur in zwei großskaligen Flecken. Blau mag geringe Dichte, rot hohe Dichte bedeuten. Die volle Breite des Ovals entspricht 360°, also einem Schwenk über den gesamten

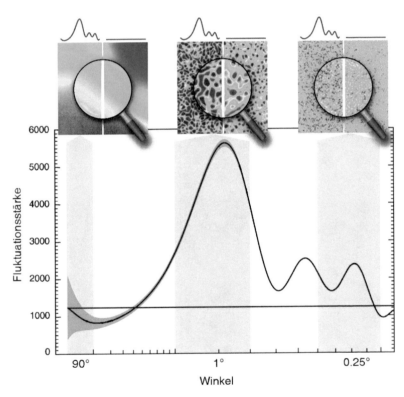

Abb. 5.7 Das Leistunsspektrum der kosmischen Hintergrundstrahlung. Die blau gefärbten Bereiche im Spektrum entsprechen den oben dargestellten Kartenauflösungen. Auf großen Winkelskalen ist die Strahlung sehr homogen (kleine Werte links im Leistungsspektrum), besonders deutlich sind die Fluktuationen im Bereich von 1°, 0,5° und 0,25°.

Himmel. Rechts daneben ist die Fluktuationsstärke über die entsprechende Winkelskala aufgetragen. In diesem Leistungsspektrum erzeugen die beiden Flecken nur einen Ausschlag im Bereich der großen Winkel, wie man es erwartet. Ganz unten in der dritten Reihe sehen wir viele kleine Regionen mit schwankender Dichte (oder Temperatur). Ihnen entspricht im Leistungsspektrum ein Ausschlag weit im Bereich der kleinen Winkel.

Ganz analog ist man mit der WMAP-Himmelskarte verfahren. Natürlich ist die Situation weniger leicht überschaubar als in der Skizze. Die Temperaturschwankungen in der CMBR bestehen aus einer komplexen Überlagerung vieler Fluktuationen auf unterschiedlichen Skalen. In Abbildung 5.7 ist das Ergebnis dargestellt. Der maximale Ausschlag liegt bei etwa 1°; auf dieser Skala wackelt also die Temperatur/Dichte am deutlichsten. Zu größeren Skalen hin nehmen die Fluktuationen rasch ab. Darin spiegelt sich die wichtige und bekannte Tatsache, dass das Universum auf sehr großen Skalen zunehmend homogener wird.

Ein charakteristisches Spektrum

Wie kommt es, dass die Form des CMBR-Fluktuationsspektrums gerade die in Abbildung 5.7 gezeigte Form annimmt? Warum sind die Fluktuationen nicht etwa auf allen Skalen gleich stark? (Dies würde der waagrechten Linie in der Abbildung entsprechen). Diese Frage gewährt uns interessante Einblicke in die Physik des Universums vor der Entkopplung.

Dem visuellen Eindruck nach lässt sich das Spektrum in drei Abschnitte aufteilen: Man erkennt einen Bereich niedrigen Gewichts im linken Drittel, einen dominierenden Ausschlag in der Mitte und einen Zwillings-Peak rechts.

Wir sprachen davon, dass das Universum während der ersten 30 000 Jahre von Strahlung dominiert war. Das heißt, der dominierende Anteil der Gravitation kam aus der mehr oder minder gleichförmig durch den Raum driftenden Strahlung. Die primordialen Fluktuationen konnten sich während dieser Zeit nicht verstärken, da das glatte Gravitationspotenzial der Strahlung die (im Vergleich dazu) kleinen Unebenheiten der Strahlung weit überragte. Selbst die Dunkle Materie, sonst nicht durch elektromagnetische Strahlung aus dem Konzept zu bringen, blieb in dieser Phase weitgehend strukturlos. Nach etwa 30 000 Jahren gewann die Materie, die Dunkle Materie vor allem, die Oberhand über den Energiehaushalt und bestimmte so das globale Gravitationsfeld. Die primordialen Dichtefluktuationen in der DM begannen sogleich mit dem selbst verstärkenden Prozess, Materie aus der Umgebung einzufangen und sich zu Brennpunkten der Gravitation, zu Potenzialtöpfen zu entwickeln.

Die baryonische Materie spürte sehr wohl die Materiekonzentrationen der DM, befand sich aber in den Fängen der Strahlung. Die Fähigkeit der Strahlung, Strukturen in der baryonischen Materie auszuwaschen, war aber keineswegs vollkommen. Überdies verspüren die Photonen, die selbst Masse mit sich tragen, durchaus das gravitative „Angebot" der DM-Potenzialtöpfe. Dadurch nimmt ein periodischer Prozess seinen Lauf: Für eine gewisse Zeit wird das Gas-Strahlungsgemisch in der Nähe der massiven DM-Klumpen durchaus dem Ziehen der Schwerkraft folgen und sich selbst ein wenig um die Dunkle Materie verdichten. Sowie aber das Gas eine gewisse Dichte und Temperatur erreicht, nimmt der nach außen wirkende Druck stark zu und verhindert eine weitere Kontraktion. Mehr noch! Der aufgestaute Druck bewirkt sogar eine Umkehr der Kontraktion. Die dichte Gaswolke bläht sich wieder auf und verdünnt sich so lange, bis der innere Druck wieder nachlässt. Das Spiel kann von Neuem beginnen, Kontraktion, Expansion und so fort. So wurde in jener Zeit das ganze Strahlungs-Gasgemisch im Universum in Schwingung versetzt.

Wenn eine – lassen Sie uns der Einfachheit halber von *Gaswolken* reden –, wenn also eine Gaswolke die anziehende Kraft einer DM-Potenzialmulde bemerkt, macht sich das Gas in der unmittelbaren Umgebung ohne Zögern auf den Weg. In den dichten Regionen nahe der Potenzialmulde kommt die Gravitation stärker zum Tragen als in den weiter entfernt gelegenen Bereichen. Deshalb kontrahieren sehr große Wolken gemächlicher als kleine, die kompakter um das Zentrum der Mulde gelegen sind und deren Wirkung stärker ausgeliefert sind. Während sich einige Wolken vielleicht gerade am Anschlagspunkt maximaler Dichte befanden, fallen andere erst noch zusammen. Wieder andere erreichen vielleicht gerade ihre maximale Ausdehnung. Bemerkenswert ist bei alledem, dass überall im Universum Wolken gleicher Masse oder Größe *synchron* schwingen müssen! Der Startschuss zum Zeitpunkt des Strahlungs-Materie-Gleichgewichtes hat sie alle gleichzeitig erreicht und die weitere Dynamik der Kontraktion wird alleine von der Masse und Ausdehnung der Wolke bestimmt.

Dieses kosmische Schwingungskonzert tönt munter dahin, bis es zur Entkopplung kommt! Quasi gleichzeitig wird in jenem Augenblick der Entkopplung alle Strahlung des Universums losgelassen. Jene Photonen, die aus den (zufällig gerade) sehr dichten Gaswolken stammen, müssen viel Energie aufbringen, um sich auf dem Weg ins Weite zu machen; sie werden deutlich rotverschoben (siehe oben). Umgekehrt erfreuen sich die Photonen aus den unterdichten Regionen (den zufällig gerade aufgeblähten Wolken) sogar eines Zugewinns an Energie, wenn sie zurück in die Umgebung „normaler" Dichte fallen. Ihre Strahlungsfrequenz wird blauverschoben.

Die Peaks im CMBR-Leistungsspektrum repräsentieren jene Gaswolken, die zum Zeitpunkt der Entkopplung gerade ein Dichtemaximum oder -minimum annehmen! Weil ihr Entstehungsmechanismus jenem der uns vertrauten akustischen Wellen ähnelt, nennt man die Ausschläge im CMBR-Spektrum **akustische Peaks**. Sie sind in der Tat so etwas wie sichtbar gemachte Schallwellen im jungen Universum.

Der erste akustische Peak in der Mitte des Leitungsspektrums rührt von jenen Gaswolken, die just zum Zeitpunkt der Entkopplung ihre erste volle Kontraktion erreicht haben. Sie sind, mit anderen Worten, die *letzten* Gaswolken, die es noch erleben durften, sich einmal so richtig zusammenzuziehen. Als *letzte* waren sie offensichtlich die langsamsten Wolken und damit wohl größten! Deswegen besetzt ihr Peak im Spektrum den Platz mit der größten „vergebenen" Winkelskala. Noch größere Gaswolken haben es bis zur Entkopplung nicht geschafft, bis zum Anschlag zu kontrahieren, deswegen gibt es keinen weiteren Peak im linken, großskaligen Regime.

Die Gaswolken, die während der Entkopplung gerade ihre maximalen Ausdehnung (und Verdünnung) erreicht haben, werden durch den zweiten akustischen Peak repräsentiert. Der dritte Peak steht für jene Wolken, die bereits ihre zweite Kontraktionsphase abgeschlossen haben. Mehr als diese drei Peaks konnten wegen der begrenzten Auflösung von WMAP noch nicht experimentell bestätigt werden; selbst der dritte Peak zeichnet sich erst in den neuesten Daten deutlich ab. Aber natürlich erwartet man zahlreiche weitere solcher akustischen Peaks. WMAPs Nachfolger PLANCK, der noch in diesem Jahr ins All gebracht werden soll, wird es beschieden sein, mehr Peaks zu identifizieren. Seine Auflösung wird um einen Faktor 2–3 höher sein als jene von WMAP.

Bleibt noch zu klären, was es mit der linken Seite des CMBR-Spektrums auf sich hat. Interessantes scheint nicht mehr zu passieren, wenn wir uns den größeren Skalen zuwenden. Es sieht aus, als ginge der Strukturbildung oberhalb von $1°$ die Puste aus. Natürlich entspricht dies unserer Erwartung, denn auf großen Skalen soll der Kosmos ja homogen sein. Klingt vernünftig, ist aber keine Erklärung. Der Übergang vom inhomogenen zum homogenen Universum, der sich im CMBR-Leistungsspektrum äußert, hat ganz handfeste Ursachen. Wir begegnen in diesem Zusammenhang dem Begriff des **Horizontes**, einem sehr fundamentalen in der Kosmologie.

Begeben wir uns noch einmal in Gedanken hinein in eine schwingende Molekülwolke. Stellen Sie sich vor, Sie wären jetzt ein Atom in einer Wolke. Die Gravitationswirkung der Dunklen Materie hat auch Sie erfasst, und gemeinsam mit Ihren Nachbarn sind Sie schon auf dem Weg in den Potenzialtopf. Schneller und immer schneller geht die Reise. Die Dunkle Materie, die den Potenzialtopf bildet, hat nicht nur Sie eingeladen, sondern *alle erreichbaren* Atome. Klar ist aber auch, dass der „Ruf" der Gravitation an die Umgebung sich nicht schlagartig durch das gesamte Universum verbreitet. Jede Kraft, jede Wirkung, jede Information, nennen Sie es, wie Sie wollen, *alles* hat sich an die oberste Verkehrsregel des Universums zu halten: nicht schneller als das Licht! – und das gilt auch für die Gravitation.

Nun überlegt man: Wenn das Universum zum Zeitpunkt der Entkopplung gerade einmal 380 000 Jahre alt ist, kann ein Potenzialtopf seine Schwerkraftwirkung über höchstens – allerhöchstens! – 380 000 Lichtjahre ausgebreitet haben. Es gibt also so etwas wie einen maximal möglichen Durchmesser einer Gaswolke, die auf das Zentrum einer DM-Verdichtung einfällt. Mit ein bisschen Rechnerei kann man zeigen, dass dieser Grenzdurchmesser einem Winkel von knapp 2° auf der CMBR-Karte entspricht. Punkte auf der Karte, die 2° oder weiter voneinander entfernt liegen, können nichts voneinander wissen, geschweige denn, sich irgendwie gegenseitig beeinflusst haben. Sie liegen außerhalb ihrer jeweiligen *Horizonte*.

Das führt uns gleich zur nächsten interessanten Frage: Warum fällt dann die Kurve, die uns die Fluktuationsstärke im Leistungsspektrum anzeigt, nicht sofort auf den Wert Null? Gibt es also doch Fluktuationen, Verdichtungen und Ausdünnungen auf größeren Skalen?

Nun, die gibt es in der Tat. Sie können sich allerdings nicht wie die lokalen, schwingenden Fluktuationen erst nach der Epoche des Strahlungs-Materie-Gleichgewichtes ausgeprägt haben. Die großen Fluktuationen im jungen Universum entstanden in den ersten Augenblicken nach dem Urknall! Sie sind das Ergebnis der Quantenfluktuationen, Sie erinnern sich, die die Inflation aufgepumpt hat! Durch Sie wurden Dichteschwankungen aller Größen in das Universum geprägt. Die größten von ihnen waren nach 380 000 Jahren einfach zu groß, als dass sie sich durch eine irgendwo lokalisierte Wirkung (einen Potenzialtopf) hätten verdichten können. Sie waren noch nicht *in den Horizont eingetreten*, wie man sagt.

Mit der Zeit nimmt die Reichweite der Kraftwirkung zu – der Horizont vergrößert sich. Jede Epoche des Universums hat ihren charakteristischen Horizont. Unser heutiger hat im Prinzip einen Radius von 13,7 Milliarden Lichtjahren (das Alter des Universums mal der Strecke, die das Licht pro Jahr zurücklegt). Photonen, die aus noch größerer Entfernung die Reise zu uns angetreten haben, konnten uns einfach noch nicht erreichen. Wir „sehen" nicht weiter als 13,7 Mrd. Lichtjahre, *das* ist unser Horizont. Aber Vorsicht! Ein Photon, das diese Strecke zurücklegen will, muss natürlich 13,7 Mrd. Jahre unterwegs sein. Es musste sich also direkt nach dem Urknall auf den Weg machen! Wie Sie aber wissen, waren die Photonen während der ersten 400 000 Jahre gefangen in der heißen Suppe aus Strahlung und Materie. Unser *eigentlicher* Horizont, die Grenze unserer Sichtweite, ist also das Ereignis der Entkopplung. Wie eine dicke Wolkenschicht umschließt sie uns viele Milliarden Lichtjahre entfernt und verwehrt uns jeden Blick in noch frühere Zeiten.

Entfernung: 30 Milliarden Lichtjahre!

Dennoch tickern immer wieder seltsame Rekordmeldungen durch die wissenschaftlichen Informationsdienste, wie am 14. Februar 2008. Man habe eine Galaxie entdeckt bei einer Rotverschiebung von 7,6, deren Entfernung von uns nahezu 30 Milliarden Lichtjahre betragen muss! Wie ist das zu verstehen?

Aus seiner Rotverschiebung können wir ablesen, dass das Licht dieser Galaxie etwa 700 Millionen Jahre nach dem Urknall ausgesandt wurde. Solange die Photonen auf dem Weg zu uns waren, expandierte das Universum und riss die junge Galaxie mit sich. Wäre die Expansion eingeschlafen, nachdem der erste Lichtstrahl jene ferne Galaxie verließ, wäre sie heute wie damals gleichbleibende vier Milliarden Lichtjahre von uns entfernt. Während sich aber die Größe des Universums seither vervielfacht hat (und damit die Abstände der Galaxien), hielten die Lichtstrahlen unentwegt ihren Kurs zu uns. Ihre Botschaft an uns lautet: „Wir (die Lichtstrahlen) stammen von einer jungen Galaxie. Unserer Rotverschiebung könnt ihr (mithilfe eurer Modelle) ansehen, dass wir 13 Milliarden Jahre zu euch unterwegs waren und in dieser Zeit ebenso viele Lichtjahre zurückgelegt haben. Unsere Heimat ist natürlich inzwischen 13 Milliarden Jahre älter, genau wie ihr. Und sie hat sich ein ganz schönes Stück von euch entfernt!" Wir empfangen durchaus „altes" Licht von Galaxien, die heute weit außerhalb unseres Horizontes liegen! Die Meldung vom Februar 2008 ist beileibe keine Jahrhundertsensation, obgleich man vor zehn Jahren kaum erwartet hätte, dass das Universum bereits nach 700 Millionen Jahren Galaxien hervorbringen würde.

Das frühe Wachstum
der Dichteschwankungen

Der COBE-Satellit und mehr noch WMAP haben der Kosmologie in den
vergangenen beiden Jahrzehnten einen phänomenalen Durchbruch beschert.
Nicht, dass sie die Forscher mit überraschenden neuen Erkenntnissen be-
glückt (oder verwirrt) hätten. Der Fortschritt bestand vielmehr darin, das
Bestehende durch belastbare Daten zu untermauern. Die Missionen waren
ein Triumph für die Anhänger der alten Theorie, dass die Strukturen im
heutigen Universum auf das Aufgehen der Saaten zurückzuführen sei, die
im sehr frühen Universum gesetzt wurden. Spätestens mit den Erfolgen von
COBE und WMAP steht das Bild von der gravitativen Instabilität auf si-
cherem Grund.

Natürlich ist eine zuverlässige Interpretation der Hintergrundstrahlung
nicht möglich ohne einen bewährten Fundus an physikalischen Theorien.
Denn der prüfende Blick durch das Teleskop in Vergangenheiten jenseits
der Entkopplung wird uns auf absehbare Zeit verwehrt bleiben. Allerdings
können die Forscher hier auf Theorien zurückgreifen, die sich auf zahlreichen Gebieten grandios bewährt haben.

Zum Beispiel die Quantentheorie. 80 Jahre nach ihrer mathematischen
Ausformulierung durch Werner Heisenberg und Erwin Schrödinger zweifeln allenfalls neurotische Skeptiker an ihrer Kraft. Niemals nach ihrer
Vollendung wurde von einem verifizierbaren Experiment berichtet, das im
Widerspruch zur Quantentheorie stünde. Dagegen konnten einige ihrer Teil-
bereiche (v. a. in der Quantenelektrodynamik) Erfolge durch unglaublich
präzise Voraussagen verbuchen.

Auch die andere große Theorie des 20. Jahrhunderts feiert seit ihrer Be-
gründung überwältigende Erfolge. Die Rede ist von der Relativitätstheorie.
Wie die Quantentheorie konnte sie noch nie durch einen experimentellen
Befund erschüttert werden. Stattdessen liefert sie Erklärungen für unge-
zählte Beobachtungen in allen Bereichen der Natur, die der quantitativen
Prüfung mit Bravour standhalten, sei es auf der Erde oder im Weltall.

Andere physikalische Zutaten bei der Erforschung des frühen Universums sind so altbewährte Theorien wie Newtons klassische Mechanik, die
klassische Elektrodynamik oder die Thermodynamik. Allesamt Teilberei-
che der Physik, die man innerhalb ihres Geltungsterrains als vollendet betrachten darf. Die thermische Geschichte des Universums kann getrost als
vertrauenswürdig erachtet werden, wenn man von der ersten Nanosekunde
absieht.

Knifflig wird es, sobald man dem Urknall selbst zu nahe kommt. Das Bild der Forscher von den ersten winzigen Sekundenbruchteilen ist geprägt von Spekulation. Die gängigen Theorien versagen angesichts der gewaltigen Energien am Beginn der Zeit. Doch der bald in Betrieb gehende *Large Hadron Collider* LHC des Europäischen Kernforschungszentrums CERN in der Nähe von Genf wirft schon seine Schatten voraus. In den Massenmedien häufen sich zusehends die Berichte über den neuen Wunderbeschleuniger. Er soll das lang gesuchte Higgs-Teilchen sichtbar machen und Hinweise auf die Existenz der Supersymmetrischen Teilchen finden. Man darf sehr gespannt sein, hier stehen aufregende Zeiten bevor!

Der Abschluss dieses Kapitels soll nun abermals den Fluktuationen gehören, deren Existenz und Gestalt zweifelsfrei aus der Hintergrundstrahlung hervorgeht. Wir wollen das Bild abrunden und die Entwicklung der Dichtefluktuationen von den ersten Sekunden bis zur Entkopplung skizzieren. Man ist überzeugt, dass die Strukturbildung je nach Beschaffenheit der Dunklen Materie sehr unterschiedlich abgelaufen sein konnte. Über viele Jahre waren deshalb zwei grundverschiedene Szenarien in Umlauf.

Beim sogenannten **Top-down**-Modell bilden sich zuerst Strukturen auf sehr großen Skalen, die dann nach und nach zu kleineren Objekten zerfallen. Umgekehrt entstehen nach dem **Bottom-up**-Szenario zuerst kleine Strukturen wie Kugelsternhaufen und Zwerggalaxien, die über Millionen und Milliarden von Jahren zu großen Strukturen verschmelzen.

Die Kosmologen sehen heute das zweite Modell als gesichert an. Während die innere Dynamik der Kugelsternhaufen und Galaxien auf hohe Lebensalter dieser Objekte hindeutet, kann man den Galaxienhaufen noch heute bei ihrer Entstehung „zusehen"; sie haben noch keinen dynamischen Entspannungszustand erreicht und sind noch nicht *relaxiert*, wie man sagt. Dagegen beobachtet man, dass es im Universum schon sehr früh nach der Entkopplung zahlreiche Galaxien gab, die gleichwohl nicht zu Haufen gruppiert waren. Und schließlich kennt man zahlreiche Beispiele von verschmelzenden Galaxien, die offensichtlich dabei sind, ein größeres, massereicheres Ganzes zu bilden. Die Beobachtungslage spricht sehr klar für das Bottom-up-Schema, für eine Strukturbildung *vom Kleinen zum Großen*!

Wie gesagt, beide Szenarien hat man stets in engem Zusammenhang mit der Dunklen Materie gesehen: Bestünde das Universum aus Heißer Dunkler Materie, hätten sich keine kleinskaligen Strukturen ausbilden können, weil die relativistischen Teilchen unaufhaltsam aus den überdichten Regionen geströmt wären und sie dadurch aufgelöst hätten. Nur die großen Strukturen überleben bis zur Reife, um dann in Galaxien und Kugelsternhaufen zu fragmentieren.

Alle Zeichen deuten aber heute darauf hin, dass die Dunkle Materie aus WIMPs besteht, aus schwach wechselwirkenden massereichen Teilchen. Der LHC könnte eine Bestätigung dafür liefern. In diesem Fall spricht man von Kalter Dunkler Materie (*CDM*). Auf einige speziellen Fragen weiß das CDM- oder Bottom-up-Szenario bis heute keine schlüssigen Antworten, wir werden noch darauf eingehen. Dennoch wird es heute weithin als bester Ansatz akzeptiert. Wir beschränken uns deswegen im Folgenden auf dieses Bild.

Kalte Dunkle Materie und das Bottom-up-Szenario

Das Prinzip ist einfach und klar. Strukturen entstehen mit der Zeit aus den primordialen Fluktuationen, indem sich zusehends mehr Materie in den überall verstreuten Potenzialtöpfen ansammelt. Durch die Macht ihrer zunehmenden Anziehungskraft entstehen Materieinseln, die sich nach Milliarden von Jahren zu Galaxien auswachsen. Kompliziert wird dieser Prozess durch das vertrackte Wechselspiel mehrerer Faktoren. Die führenden Antagonisten sind dabei die Gravitation auf der einen Seite und die kosmische Expansion auf der anderen. Während die eine bestrebt ist, möglichst viel an Materie auf dichten Raum zu konzentrieren, zerrt die Expansion unablässig in die entgegengesetzte Richtung. Hinzu kommen Strahlung und Dunkle Materie, einerlei ob HDM und CDM, die sich geradezu einen Kampf um das baryonische Gas liefern. Wir werden nun sehen, wie das gemeint ist.

Zu Beginn des 20. Jahrhunderts hat der englische Astrophysiker James Jeans (1877–1946) Bedingungen für den Kollaps einer Dichtefluktuation oder einer Gaswolke formuliert. Nach seiner bis heute anerkannten Theorie müssen drei physikalische Parameter der Gaswolke in geeigneten Beziehungen stehen – ihre Dichte, Temperatur und Masse. Nehmen wir die Dichte und Temperatur des Gases in einer Dichtefluktuation als gegeben an; zum gravitativen Kollaps der Wolke kommt es dann, sobald die Masse innerhalb der Fluktuation einen bestimmten Grenzwert erreicht, den man die **Jeans-Masse** nennt. Je höher die Temperatur des Gases, umso mehr kann sich die Wolke mit ihren wild umherschwirrenden Teilchen (d. h.: durch ihre innere Energie!) gegen den Kollaps wehren. Die notwendige, die *kritische* Masse wird deswegen sehr hoch sein. Andererseits: Je dichter das Gas, umso stärker macht sich die Gravitation bemerkbar. Dann reicht bereits eine viel geringere Masse, um den Kollaps einzuleiten: Hohe Dichten implizieren also kleinere Jeans-Massen.

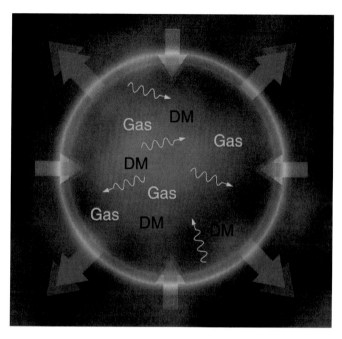

Abb. 5.8   Die Verdichtung von Materie im Plasma-Universum vor der Entkopplung. Die Gravitation (rote Pfeile) ist die treibende Kraft für die Kontraktion. Dem entgegen wirkt die Expansion des Universums (blaue Pfeile). Innerhalb der betroffenen Region besteht zudem eine komplizierte Wechselwirkung zwischen Gas, Dunkler Materie und Strahlung (Wellenzüge).

Statt der Masse gibt man häufig auch einen *kritischen Radius* an, den die Wolke erreichen darf, bevor sie instabil wird: Es handelt sich einfach um den Radius einer Kugel, die gerade die Jeans-Masse einschließt. Man spricht dann von der **Jeans-Länge**. Die Kriterien von Jeans finden Anwendung auf allen astronomischen Skalen. Sie gelten für die Entstehung der Galaxien, der großen kosmischen Strukturen und der Sterne gleichermaßen.

Für den Augenblick wollen wir *große* Dichteschwankung betrachten. So groß, dass der Horizont sie erst nach dem Beginn der materiedominierten Epoche „einholt".

Solange die Fluktuation größer ist als der aktuelle Horizont, kann sie durchaus wachsen – selbst während der strahlungsdominierten Epoche! Wie man zeigen kann, ist die Jeans-Länge des Gases vor der Entkopplung in etwa vergleichbar mit der Größe des Horizonts. Das ist ein sehr wichtiger Aspekt. Er verhindert, dass Dichteschwankungen anwachsen können, die *kleiner* als die Horizont-Skala sind! Der Hintergrund ist natürlich wieder der altbekannte, dass die Materie vor der Entkopplung sehr eng mit der Strahlung verknüpft ist. Die Strahlung selbst versucht mit aller Macht, sich möglichst gleichmäßig über das gesamte Universum zu verteilen. Das verursacht einen Homogenisierungseffekt, der für die *großen* Dichteschwankungen oberhalb der Horizontskala wie jede physikalische Wirkung natürlich ohne Belang ist.

Wenn es aber keine physikalische Wirkung auf superhorizontalen Skalen gibt, wie kann dann die Gravitation über sehr große Strukturen hinweg ihre Arbeit leisten und diese zum Wachsen bringen? Was nach einem Widerspruch klingt, lässt sich so erklären:

Ein Teilchen, das sich an einem beliebigen Ort innerhalb der superhorizontalen Fluktuation befindet, „überblickt" natürlich nicht deren gesamte räumliche Ausdehnung. Innerhalb seines individuellen Horizontes jedoch bemerkt es sehr wohl eine asymmetrische Materieverteilung, die zum Zentrum der Fluktuation hin gewichtet ist (vgl. Abbildung 5.9). Aus dieser Richtung verspürt es deswegen eine stärkere Anziehungskraft und driftet der Potenzialmulde entgegen. Auf diese Weise sorgt die Fluktuation für eine langsame, aber beständig steigende Materiekonzentration. Die Verstärkung einer solch großen Dichteschwankung ist also kein globaler Effekt, sondern eine Überlagerung *lokaler* Wirkungen.

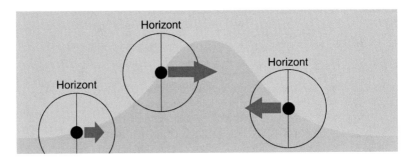

Abb. 5.9 Dichtefluktuationen können auch auf Skalen jenseits des aktuellen Horizonts wachsen. Jedes Teilchen (schwarze Punkte) verspürt aufgrund der lokalen Dichteverteilung in seiner Umgebung eine resultierende Kraft in Richtung des Dichtemaximums. Die Summe der lokalen Effekte führt zur Verstärkung der superhorizontalen Fluktuation.

Der Horizont vergrößert sich unterdessen mit Lichtgeschwindigkeit. Sobald er die Fluktuation überragt, greift der stabilisierende Effekt der Strahlung; die Jeans-Länge ist, mit anderen Worten, für die Fluktuation zu groß geworden.

Jetzt beginnt das, was ich weiter oben beschrieben habe: In der Gaswolke liefern sich die Gravitation und der nach außen gerichtete Strahlungsdruck ein Kräftemessen, das die Wolke in dauerhafte Schwingung versetzt – so lange, bis Strahlung und Materie nach der Entkopplung getrennte Wege gehen.

Und die Dunkle Materie? Wie in der baryonischen Komponente kann jede Dichteschwankung darin zunächst ungestört anwachsen, solange sie nicht vom Horizont überragt wird. Sobald sie in den Horizont eintritt, müssen sich die beiden Komponenten, baryonische und Dunkle, für eine Weile trennen. Denn während die Entwicklung der baryonischen Fluktuationen

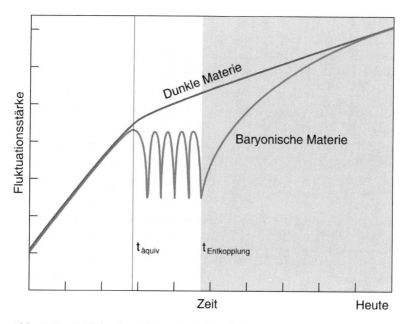

Abb. 5.10 Zeitliche Entwicklung der Dichtefluktuationen in der baryonischen und Dunklen Materie im Verlauf der unterschiedlichen kosmologischen Epochen. Nähere Erläuterungen dazu im Text.

stagniert, lässt sich die Dunkle Materie durch die Strahlung nicht aufhalten und verdichtet sich weiter unaufhaltsam.

Auch von der Entkopplung nach 380 000 Jahren bemerkt die Dunkle Materie nichts. Die freien Baryonen wiederum unterliegen nach der Entkopplung nur noch dem Einfluss der Gravitation. Tonangebend hierfür ist abermals die Dunkle Materie, denn nur 1/6 des kosmischen Stoffes ist baryonischer Natur. Dieses Sechstel spürt nun die Kraft der Potenzialtöpfe, die sich in mehr als 300 000 Jahren in der Dunklen Materie gebildet haben. Sogleich beginnt die große Völkerwanderung der Wasserstoff- und Heliumatome hinein in die vorgefertigten Potenzialmulden; endlich beginnt auch in der baryonischen Materie die eigentliche Strukturbildung. Nicht mehr lange, und das Universum wird das Aufleuchten der ersten Sterne erleben.

Kapitel 6

Aufbruch zu den Sternen

Es wird Zeit, den Kosmos zu bevölkern. In den ersten Dunklen Halos leuchten die ersten Sterne auf, so groß und strahlend, dass sie dem gesamten Universum kräftig einheizen. Das *Hubble Space Telescope* liefert atemberaubende Bilder aus jener frühen Epoche.

Für die Geschichte des Universums war die Entkopplung von Strahlung und Materie ein bedeutender Meilenstein, manche würden sagen, der bedeutendste überhaupt. Der Stoff, aus dem die Sterne und Galaxien gemacht sind, aus dem die Planeten und wir selbst bestehen, war nach 380 000 Jahren zum ersten Mal sich selbst überlassen. Dies wurde möglich, weil das Universum zu jener Zeit kühl genug wurde, um die Entstehung neutraler Atome zu ermöglichen. Die Strahlung fand nun keine elektrisch geladenen Teilchen mehr, die sie hätte greifen und festhalten können.

380 000 Jahre! Das klingt nach einer langen Zeit, wenn man an die Zeitskalen unserer täglichen Erfahrung denkt oder an die ersten Sekunden und Minuten, die das Universum so sehr geprägt haben. Aber man kann es auch anders sehen: Die ersten 380 000 Jahre des Universums, verglichen mit seinem heutigen Alter von 13,7 Milliarden Jahren entsprechen gerade einmal den ersten knapp 20 Stunden im Leben eines 80-jährigen Menschen! Vielleicht halten Sie in der Silvesternacht, nachdem die Bowle ihre Wirkung tut, auch gerne Rückschau auf die letzten zwölf Monate. Können Sie sich an die ersten zehn Minuten des vergangenen Jahres erinnern? Zehn Minuten eines Jahres entsprechen dem zeitlichen Anteil des heißen Plasma-Universums an der gesamten Geschichte des Kosmos.

Obwohl sich viele seiner charakteristischen Eigenschaften in jener frühen Zeit einstellten, beginnt das Universum eigentlich erst jetzt damit, die Gestalt anzunehmen, die wir heute beobachten können. Das Ende der Plasmaphase, die gegenseitige Neutralisierung der geladenen Elektronen und Atomkerne, gleicht dem Startschuss der Strukturbildung. Die Geburtswehen sind ausgestanden, die Atome aus den Fängen der Strahlung entlassen. *Jetzt geht's los!*, könnte man skandieren.

Wie alt war das Universum bei *z* = 1?

Seit um die Mitte der 90er-Jahre neue Beobachtungstechniken immer tiefere Blicke ins All erlauben, liefern sich zahlreiche Arbeitsgruppen von Beobachtern überall in der Welt gleichsam einen Wettlauf um die entferntesten Galaxien. 1995 kannte man nur sehr wenige Galaxien mit Rotverschiebungen $z > 1$. (In der Astronomie wird für die Rotverschiebung stets das Formelzeichen z verwendet.) Inzwischen hat man mithilfe des *Hubble Space Telescopes* (HST) eine Galaxie entdeckt, deren Rotverschiebung zu $z = 7{,}6$ bestimmt wurde; sie muss weniger als 700 Millionen Jahre nach dem Urknall entstanden sein. Kosmologen sprechen selten von so-oder-so-alten Galaxien, viel lieber halten sie sich an die Rotverschiebungsskala. Das hat einen recht einfachen Grund: Rotverschiebungen kann man (im Prinzip) messen! – auch wenn das in der Praxis manchmal mit gehörigem Aufwand und mit Unsicherheiten verbunden ist. Die zeitliche Epoche, in der die Galaxie sich befindet, während wir sie beobachten, kann dagegen nur im Rahmen eines kosmologischen Modells aus der Rotverschiebung berechnet werden.

Zu den größten Leistungen der WMAP-Sonde gehört, uns bei der Erhebung der kosmologischen Parameter einen gewaltigen Schritt nach vorne gebracht zu haben. Wir meinen zu wissen: Das Universum besteht zu etwa 4 % aus Baryonen ($\Omega_B = 0{,}04$), 23 % Dunkler Materie ($\Omega_{DM} = 0{,}23$) und 73 % Dunkler Energie ($\Lambda = 0{,}73$, die berühmte *Kosmologische Konstante*). Die heutige Expansionsrate oder die *Hubble-Konstante* schätzt man auf $H_0 = 71$ km/sec/Mpc. Mit diesen Zahlen ist es im Prinzip möglich, aus der Rotverschiebung einer fernen Galaxie die Epoche abzuleiten, aus der sie uns entgegenleuchtet. Daraus ergeben sich mehr oder minder strenge Grenzen für das Alter der Galaxie. Jene Rotverschiebung von $z = 7{,}6$ gehört zu der Zeit, als das Universum 700 Millionen Jahre alt war. Abbildung 6.1 zeigt den Zusammenhang zwischen der Rotverschiebung dem jeweils aktuellen Alter des Universums. Eine $z = 1$-Galaxie beobachten wir demnach zu einer Zeit, als das Universum noch nicht einmal die Hälfte seines bisherigen Lebens hinter sich hatte! Seine *Größe* zu jener Zeit war übrigens *exakt* die Hälfte seiner heutigen! $z = 1$ entspricht also bereits enormen, kosmologisch sehr relevanten Entfernungen – räumlichen wie zeitlichen. Und so scheint es nicht allzu verwunderlich, dass die Astronomen erst seit einem guten Jahrzehnt technisch in der Lage sind, zahlreiche Galaxien bei noch höheren Rotverschiebungen aufzuspüren.

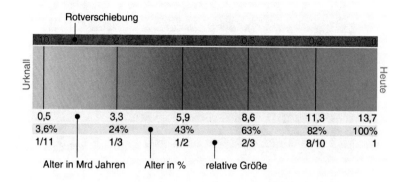

Abb. 6.1 Zusammenhang zwischen Rotverschiebung, Größe und Alter des Universums. Bei $z = 1$ hatte das Universum weniger als die Hälfte, bei $z = 2$ ein Viertel seines heutigen Alters.

Die Hubble Deep Fields

COBE war gerade fünf Monate auf seiner Umlaufbahn, als die NASA in Kooperation mit ihrem europäischen Pendant, der ESA, erneut einen Coup landete. Am 24. April 1990 (dem Jahrestag der Hochzeit zwischen Sissi und Kaiser Franz Joseph I.) startete das Space Shuttle Discovery mit einer wertvollen Fracht in den morgendlichen Himmel von Florida. An Bord war das *Hubble Space Telescope* (HST, Abbildung 6.2). Bis heute schiebt das Riesenauge Dienst in der Umlaufbahn, auf der sie die Erde alle anderthalb Stunden umrundet. Nachdem die 13 Meter lange Metallröhre am Tag nach dem Start vom Greifarm der Discovery gepackt und ausgesetzt wurde, stockte den Forschern am Boden der Atem. Die Bilder, die das 300-Millionen-Dollar-Teleskop zur Erde lieferte, waren unscharf! Wie sich herausstellte, war der Schliff des Hauptspiegels fehlerhaft. Drei Jahre dümpelte der Satellit vor sich hin. Im Dezember 1993, nach langer Analyse und Planung, gelang es dann endlich im Rahmen einer Shuttle-Mission, den optischen Fehler zu korrigieren, dem Teleskop „eine Brille aufzusetzen", wie es damals in der Presse hieß. Seither liefert das HST majestätische Bilder von zuvor ungekannter Schönheit. Bilder von Planetarischen Nebeln und Kugelsternhaufen, von Planeten und Kometen, aber auch von fernen Galaxien.

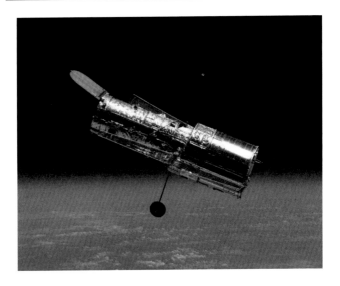

Abb. 6.2 Das Hubble Space Telescope der NASA.

1995 sollte das HST sein Gesellenstück abliefern. Volle zehn Nächte lang ohne Unterbrechung richtete es seinen Spiegel auf einen winzigen Fleck, hundertmal kleiner als die Vollmondfläche, im Sternbild Großer Bär. Abermals stockte den Wissenschaftlern und der Weltöffentlichkeit der Atem, wenn auch diesmal vor blanker Ehrfurcht. Nie zuvor gelang einem Teleskop einen solch tiefer Blick in die Vergangenheit des Alls. Auf einem Himmelsabschnitt, der mit dem Auge und selbst mit gewöhnlichen Teleskopen einfach nur tiefschwarz erscheint, in den sich kaum ein Stern der Milchstraße verirrt hat, offenbarte sich ein schwindelerregender Reichtum und eine kaum zu fassende Vielfalt an Welteninseln. Das Bild ging als *Hubble Deep Field* (HDF) in die Geschichte der astronomischen Forschung ein. Das Direktorium des verantwortlichen *Space Telescope Science Institutes* entschied damals, sämtliche Beobachtungsdaten des Projektes der internationalen wissenschaftlichen Gemeinde zur Verfügung zu stellen. Dies zog eine Fülle eigens initiierter Forschungsprojekte nach sich, die unsere Kenntnisse von der Entstehung der Galaxien zu einem beträchtlichen Schub verhalfen. Die Wissenschaftler konnten plötzlich auf Daten von Galaxien mit Rotverschiebungen von $z = 6$ und mehr zurückgreifen! Heute (April 2008) finden sich auf den Webseiten des *NASA Astrophysics Data System ADS* knapp über 700 Publikationen, deren Titel sich auf das Hubble Deep Field beziehen. Drei Jahre später, 1998, ließ man das HST erneut einen tiefen Blick ins All wagen, diesmal in Richtung der südlichen Hemisphäre. Nach dem Kosmologischen Prinzip war zu erwarten, dass sich die südliche Variante qualitativ nicht von der nördlichen unterscheiden sollte, was sich in der Tat als richtig herausstellte.

Übertroffen wurden die *Deep Fields* erst in den Jahren 2003/2004. Über mehr als vier Monate lang zog sich die Belichtung eines sehr kleinen Himmelsabschnittes in der Nähe des Sternbildes Orion hin. Das Ziel bestand diesmal darin, noch leuchtschwächere (d. h. im Durchschnitt weiter entfernte) Galaxien zu finden, als man sie vom alten HDF kannte. Nach dem Ende der Beobachtungszeit am 9. März 2004 zählte man über 10 000 Galaxien, manchen davon mit Rotverschiebungen zwischen $z = 7$ und $z = 11$! Das war nur „einen Steinwurf vom Urknall entfernt", wie es der Astronom Massimo Stiavelli von *Space Telescope Science Institute* in Baltimore ausdrückte. *Hubble Ultra Deep Field* nannte man die neue, bis heute unerreichte Aufnahme.

Schon lange vor den epochalen ersten HST-Aufnahmen (HDF & HDF-South) wusste man von zahlreichen sogenannten **Quasaren**, besonders leuchtkräftigen Objekten mit extrem hohen Rotverschiebungen. Sie konnte man selbst von der Erde aus leicht beobachten. Man wusste, dass sie in großer Zahl das junge Universum bevölkern. Nun aber zeigte sich, dass auch herkömmliche Galaxien, wie wir sie vorwiegend aus unserer kosmischen Umgebung kannten, zur Zeit der Quasare stark vertreten waren. Dies war alles andere als selbstverständlich!

Auffallend war indes noch etwas anderes: Als man die Galaxienpopulationen in den Deep Fields untersuchte, fand man, dass ungewöhnlich viele der Galaxien von sehr irregulärer Gestalt sind, weit mehr, als dies im heutigen Universum der Fall ist. Über den Hintergrund dieser Beobachtung besteht kaum ein Zweifel. Bei den Irregulären Galaxien handelt es sich um die Ergebnisse naher Begegnungen, *Encounter,* im Fachjargon. Kommen sich zwei Galaxien sehr nahe, so reißt die Gravitation der einen die stellare Population der anderen aus ihrer schönen regelmäßigen Form. Solche Encounter wirbeln das Gas und die Sterne der beteiligten Galaxien in gehörigem Maße durcheinander. Und sehr oft kommt es sogar dazu, dass eine Galaxie so weit in das Schwerkrafttrevier der anderen eindringt, dass beide vollkommen verschmelzen. Kosmologische Unfälle dieser Art nennt man *Merger.* Encounter und Merger gibt es auch heute noch im Universum. In einigen Milliarden Jahren werden wir, die Bewohner der Milchstraße, selbst Zeugen einer Galaxienverschmelzung werden, wenn unsere Heimatgalaxie mit

Hubble Ultra Deep Field
Hubble Space Telescope • Advanced Camera for Surveys

NASA, ESA, S. Beckwith (STScI) and the HUDF Team   STScI-PRC04-07a

Abb. 6.3 Das Hubble Ultra Deep Field ist der tiefste Blick in das Universum, der je von Menschen unternommen wurde.

ihrem Nachbarn, dem Andromeda-Nebel, kollidieren wird. Beide Galaxien sind bereits auf dem Weg! Früher allerdings, als das Universum wesentlich kleiner als heute und die Anzahldichte seiner Objekte höher war, kam es bei Weitem häufiger zu solchen Ereignissen. Es ist also damit zu rechen, dass die Verschmelzung junger Galaxien von enormer Bedeutung für deren Entwicklung war.

Galaxien und ihre Spektren

Wahrscheinlich haben Sie es schon irgendwo einmal gesehen, das berühmte Bild des jungen Edwin Hubble: Genüsslich die Pfeife im Mund und das Auge dicht am Okular seines Teleskops. Ich selbst habe jahrelang geglaubt, dass beobachtende Astronomie so funktioniert! Wer aber einmal das Innere eines der großen Teleskope gesehen hat, etwa das *Keck* auf Hawaii mit seinem 10-Meter-Spiegel, das *VLT* (*Very Large Telescope*) auf Chile oder dergleichen, der weiß, dass es nicht getan ist mit einem bequemen Sessel, etwas Tabak und einem Glas Rotwein.

Ein Astronom, der nächtens den Himmel erkundet, sitzt heute nicht hinter einem Okular, sondern vor einem Bildschirm. Dorthin gelangt das Abbild der Galaxien, nachdem es von einem elektronischen Sensor eingefangen wurde, einem CCD, das das Auge hinter dem Teleskop abgelöst hat. Einen solchen Sensor kennt heutzutage jeder aus seiner Digitalkamera. Das elektronische Auge hat dem menschlichen gegenüber zwei große Vorteile. Erstens entgeht ihm auch das geringste Leuchten nicht, zweitens kann es sich jedes Photon „merken". Es ist in der Lage, das Licht über Sekunden, Minuten und Stunden aufzusummieren. Das ist auch unverzichtbar, denn aus den fernen Galaxien erreichen uns solch geringe Strahlungsintensitäten, dass wir sie mit einem kurzen Blick niemals registrieren können. (Was wäre das für eine Himmelspracht!)

Wenn dann auf den Computern die Bilder der Objekte erscheinen, die sie ins Visier nehmen, sind die Beobachter meist nicht an prächtigen Farben und Formen interessiert, sondern an der spektralen Verteilung des Lichtes, das der Stern, der Nebel oder die Galaxie aussendet.

Das Licht in Ihrer Umgebung besteht praktisch immer aus einer Synthese einzelner Licht-„Bündel" von unterschiedlichen Wellenlängen (d. h. unterschiedlichen Farben). Und praktisch immer ist dieses Spektrum ein kontinuierliches. Weißes Licht etwa setzt sich aus Strahlen zusammen, die sämtliche Wellenlängen von etwa 400 nm (blau/violett) bis 800 nm (rot) abdecken (1 nm = 1 *Nanometer* = 1 Milliardstel Meter), und das mit etwa gleichverteilter Gewichtung.

Die Strahlung eines Sternes, die durch die atomaren Verschmelzungsprozesse in dessen Kern entsteht, besitzt ebenfalls ein sehr charakteristisches Spektrum, das in Abbildung 6.4 dargestellt ist. Der Verlauf einer jeden Kurve zeigt, dass die Anzahl der Photonen höherer Frequenz/Energie zunächst ansteigt, dann ein Maximum erreicht und schließlich zu noch höheren Frequenzen wieder abklingt. Entscheidend dabei: Je heißer der Stern, umso höher die Frequenz der maximalen Intensität.

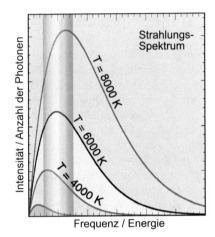

Abb. 6.4 Die spektrale Energieverteilung eines gewöhnlichen Sterns hängt nur von dessen Temperatur ab. Das Intensitätsmaximum liegt je nach Temperatur bei höherer oder niedrigerer Energie. Die 6000-Kelvin-Kurve entspricht dem Spektrum unserer Sonne. Spektrale Verteilungen dieser Art lassen sich mithilfe des Planck'schen Strahlungsgesetzes einfach beschreiben, man nennt sie deswegen auch Planck-Spektren.

Solche Spektren gleichen in ihrer Form ganz der kosmischen Hintergrundstrahlung, lediglich die Temperaturen der Sterne sind tausendfach höher. So weit, so gut.

Die Spektren ganzer Galaxien sind nicht ganz so einfach zu durchschauen. Ihre Strahlung setzt sich ja zusammen aus dem Licht seiner Abermilliarden Sterne, aber auch aus der Strahlung, die das Gas und der Staub emittieren[1]. Hört sich kompliziert an, ist es auch. Die Interpretation eines Galaxienspektrums ist eine Wissenschaft für sich. Aber wer sie versteht, kann aus dem Licht einer Galaxie sehr aufschlussreiche Informationen über deren Natur und Zusammensetzung ziehen, zum Beispiel über ihre Sternpopulationen.

Zunächst einmal überlagern sich die Planck-Spektren der Sterne zu einem Ganzen, einem breiten Kontinuum. Leben in der Galaxie sehr viele

---

1 *Emittieren*, aus dem Lateinischen: *aussenden*, in der Physik meist im Sinne von *(ab)strahlen*. Der umgekehrte Prozess ist das *Absorbieren* von Strahlung.

heiße Sterne mit ihrem blauen Licht[2], so werden sie dem Spektrum der Galaxie eine Gewichtung zum Blauen hin verleihen. Wir kennen dies von vielen Spiralgalaxien, die noch eifrig neue Sterne hervorbringen. Unter diesen befinden sich zahlreiche blaue, heiße Riesensterne, die sehr verschwenderisch mit ihren Energieressourcen umgehen. Sie werden nicht älter als einige zehn Millionen Jahre. Aus den Elliptischen Galaxien empfangen wir dagegen tendenziell röteres Licht: Ihre Sternpopulationen werden von kühleren alten – roten! – Sternen dominiert. Die blauen heißen haben sich längst verausgabt, neue Sterne bilden sich nicht mehr. Nur die roten Energiespar-Sterne haben überlebt und verleihen der Galaxie ihr rotes Licht.

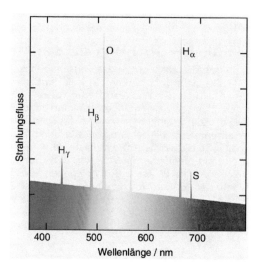

Abb. 6.5 Mögliches Spektrum einer Galaxie im visuellen (sichtbaren) Wellenlängenbereich. Im Beispiel handelt es sich um eine Galaxie mit einer hohen Zahl massereicher junger Sterne, da im blauen Teil des Spektrums die Strahlungsintensität höher ist als im Roten. Die Emissionslinien stammen aus atomaren Übergängen im Wasserstoff (H), Sauerstoff (O) und anderen Elementen. Realistische Spektren sind auf ganzer Breite durchzogen von kleinen linienartigen Einkerbungen, die von der Absorption der Strahlung durch die Atome und Moleküle des interstellaren und intergalaktischen Gases herrühren.

---

2 Heiße Sterne mit einer Oberflächentemperatur von 10 000–50 000 K strahlen bläulich, weil das Maximum ihres Lichtspektrums im blauen Bereich liegt. Aus demselben Grund leuchten kühlere Sterne rötlich.

Abbildung 6.5 zeigt schematisch das Spektrum einer Galaxie, wie sie vom *Sloan Digital Sky Survey* beobachtet worden sein könnte. Mit diesem Survey hat man die Spektren von mehreren Hunderttausend (!) Galaxien vermessen. Neben dem Kontinuum prägen einige deutlich hervortretende Linien das Bild unseres Beispielspektrums. Sie stammen von sogenannten H-II-Wolken. So werden Gaswolken aus Wasserstoff (Formelzeichen H!) genannt, die sich in der Umgebung junger heißer Sterne befinden und durch deren energiereiche Strahlung ionisiert werden. (Mit H II meint man ionisiertes, mit H I neutrales Wasserstoffgas.) Ständig fangen sich einige der Wasserstoffkerne in der Wolke vorübergehend ein umherschwirrendes Elektron ein. Dabei wird Energie in ganz diskreten Portionen abgestrahlt, je nachdem, welchen energetischen Zustand die Elektronen im

? Emissionslinien: Strahlung aus den Atomen

Um das diskrete Linienspektrum des Wasserstoffs zu erklären, hat der dänische Physiker Nils Bohr bereits 1913 ein einfaches Schalenmodell des Atoms entwickelt. Ein Wasserstoffatom, bekanntlich aus einem Proton und einem Elektron zusammengesetzt, kann in Bohrs Modell verschiedene Energiezustände einnehmen, indem das Elektron den Kern auf diskreten Bahnen unterschiedlicher Durchmesser umkreist. Es existieren keine Aufenthaltsorte *dazwischen*! Die innerste Bahn ($n = 1$ in der Skizze) stellt den Zustand niedrigster Energie dar, den *Grundzustand*. Hält sich das Elektron auf einer weiter außen gelegenen, energetisch höheren Bahn auf, befindet sich das Atom in einem *angeregten Zustand*. Jede Bahn im Wasserstoffatom entspricht einem festen Energiewert:

$n = 1$	$E_1 = 0$	Grundzustand
$n = 2$	$E_2 = 10{,}20\,\text{eV}$[3]	
$n = 3$	$E_3 = 12{,}08\,\text{eV}$	angeregte Zustände,
$n = 4$	$E_4 = 12{,}74\,\text{eV}$	
$n = 5$	$E_5 = 13{,}05\,\text{eV}$	Elektron noch gebunden
...	...	
$n = \infty$	$E_\infty = 13{,}60\,\text{eV}$	Ionisierung, Elektron frei

Je höher die Energiestufen, umso dichter liegen sie beieinander. Um von einer niedrigen auf eine höhere Bahn zu gelangen, muss dem Atom ▶

---

3 1 eV = 1 *Elektronenvolt* = $1{,}6022 \times 10^{-19}$ Joule ist die in der Atom- und Quantenphysik übliche Einheit der Energie. 1 eV ist die Energie, die ein Elektron aufnimmt, wenn es eine elektrische Potenzialdifferenz von 1 Volt durchläuft.

▶ (bzw. dem Elektron) Energie zugeführt werden, zum Beispiel in Form eines einstrahlenden Photons. Umgekehrt kann das Elektron selbstständig von einem höheren Level auf ein niedrigeres fallen und dabei ein Photon *abgeben*. Springt das Elektron etwa von der 3. auf die 2. Bahn zurück, emittiert es ein Photon, dessen Energie genau der Differenz der beiden Energielevels entspricht: $E_{3\to2} = E_3 - E_2 = 12{,}08\,\text{eV} - 10{,}20\,\text{eV} = 1{,}88\,\text{eV}$.

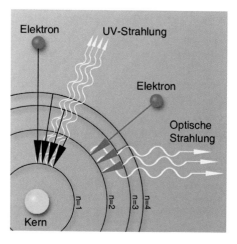

Abb. 6.6 Prinzip der atomaren Strahlungsemission. Jede der Schalen $n = 1$, 2, 3, ... repräsentiert ein diskretes Energieniveau, das von einem Elektron besetzt werden kann. Springt ein Elektron von einer Schale auf eine andere wird eine Photon absorbiert oder emittiert. Die Energie des Photons entspricht der Energiedifferenz der beteiligten Schalen.

Von besonderer Bedeutung ist das Level $n = \infty$. Es entspricht dem Fall eines Elektrons, das das Atom gänzlich verlassen hat, also dem *ionisierten* Zustand. Um vom Grundzustand zum Level $n = \infty$ zu gelangen, muss dem Atom die Ionisierungsenergie $E_\infty \approx 13{,}6\,\text{eV}$ zugeführt werden.

Wegen der diskreten Energiestufen ist das Atom also nur zur Abgabe diskreter Energiepakete fähig. Aus diesem Grund besteht sein Emissionsspektrum nicht aus einem Kontinuum, sondern aus einer Reihe von charakteristischen Linien, die wir im Spektrum vieler Galaxien wiederfinden. ▶

▶ Üblicherweise ordnet man die Linien des Emissionsspektrums nach *Serien*. Die Übergänge (2) → (1), (3) → (1), (4) → (1), ... (∞) → (1) zum Beispiel nennt man **Lyman-Serie**, da sie von dem amerikanischen Physiker Theodore Lyman 1906 entdeckt wurde. In der Skizze ist sie durch die schwarzen Pfeile dargestellt. Jedem seiner Übergänge entspricht eine Linie von bestimmter Wellenlänge, die mithilfe des griechischen Alphabets durchgezählt werden:

Übergang	Bezeichnung	Wellenlänge
(2) → (1)	Ly-α	121,6 nm
(3) → (1)	Ly-β	102,5 nm
(4) → (1)	Ly-γ	97,2 nm
(5) → (1)	Ly-δ	94,9 nm
(∞) → (1)	–	91,2 nm

Die Linien der Lyman-Serie sind für das menschliche Auge unsichtbar, da sie allesamt im ultravioletten Teil des Spektrums liegen.

Die Übergänge (3) → (2), (4) → (2), (5) → (2) usw. produzieren Linien in einem Bereich zwischen 364 nm und 656 nm und sind damit für das Auge sichtbar. Deswegen wurden sie bereits 1885 von dem Schweizer Johann Jakob Balmer gefunden, nach dem die Serie auch benannt wird. (Blaue Pfeile in der Skizze.) Die Balmer-Serie ist die einzige sichtbare, denn die Linien der nächsten Serien (x) → (3), (x) → (4), ... liegen bereits im Infraroten. Üblicherweise bezeichnet man die Balmer-Linien mit den Kürzeln H-α, H-β, H-γ etc.

Die Linienemission anderer, komplexerer Atome funktioniert nach demselben Prinzip, liefert aber völlig andere Energien. Ihre Berechnung ist wesentlich komplizierter und kann nicht mehr aus dem Bohr'schen Atommodell abgeleitet werden.

wiedervereinigten Atom einnehmen. Diese diskreten Energien sehen wir dann als markante *Emissionslinien* in der spektralen Energieverteilung. Aus dem dargestellten Spektrum könnten wir also schließen, dass sich die Galaxie in einer Phase reger Sternentstehung befinden muss. Galaxien mit besonders hohen Sternentstehungsraten nennt man auch **Starburst-Galaxien**.

Im Spektrum der Abbildung 6.5 liegt die Gewichtung des Kontinuums offensichtlich auf dem kurzwelligen, blauen Bereich. (Diese Farbe wird denn auch ihre optische Erscheinung dominieren.) Es scheint also durchaus noch eine beträchtliche Anzahl junger blauer Sterne zu geben. Die ausgeprägten Peaks verraten uns zudem, dass in der Galaxie nach wie vor aktiv neue Sterne geboren werden.

Elliptische Galaxien sind eher von alten roten Sternen bevölkert. Sternentstehung gibt es darin kaum. Deshalb gibt es keine Emissionslinien im Spektrum, und das Kontinuum steigt zum langwelligen roten Ende hin an.

Die Lyman-Break Methode

In Abbildung 6.5 ist lediglich das optische Spektrum dargestellt. Aber natürlich leuchten die Galaxien auch im UV- und Infraroten, im Radio- und Mikrowellenbereich. Gerade in den Starburst-Galaxien mit ihren zahlreichen massereichen jungen Sternen findet man auch sehr ausgeprägte Emissionslinien im UV-Bereich neben jenen im Optischen. Sie entstehen nach dem gleichen Mechanismus: Freie Elektronen aus dem ionisierten Gas fallen tief in den Potenzialtopf des Wasserstoffkerns zurück und emittieren die freiwerdende Energie in Form von Strahlung. Wenn die Elektronen dabei direkt in den niedrigsten Energiezustand des Atoms fallen, den Grundzustand, wird am meisten Energie frei, die als UV-Strahlung emittiert wird (siehe Kasten).

Seit Mitte der 1990er-Jahre nutzen die Astronomen die Emissions- und Absorptionseigenschaften des Wasserstoffgases, um nach Galaxien in großer – *sehr* großer! – Distanz von der Erde zu suchen. Das funktioniert nach folgendem Prinzip:

Massereiche junge Sterne leuchten wegen ihrer hohen Oberflächentemperatur nicht nur im blauen, sondern auch im UV-Bereich sehr hell. Viele der von ihnen abgestrahlten Photonen haben Energien, die wesentlich über der Ionisierungsenergie der Wasserstoffatome liegen. Solche Photonen können deshalb eine dichte Wasserstoffwolke nicht durchdringen: Indem sie die Atome ionisieren, werden sie von ihnen absorbiert. Ihre Energie wird den einzelnen Atomen einverleibt, die Photonen selbst verschwinden im Nichts.

Wie wir gesehen haben, ist das Wasserstoffatom auch für zahlreiche diskrete Energien im UV-Bereich „empfänglich". Genau jene Wellenlängen, die es abzustrahlen in der Lage ist, kann es auch absorbieren! Aus der Tabelle im Kasten sehen wir, dass etwa ein Photon der Wellenlänge 97,2 nm das Elektron gerade aus dem Grundzustand auf die vierte Schale hieven kann $((1) \rightarrow (4))$. Das Photon verschwindet dabei, seine Energie steckt nun im angeregten Atom. Durch diesen Mechanismus wird der Photonenfluss im Ultravioletten deutlich ausgedünnt, denn es gibt sehr viele UV-Übergänge im

H-Atom. Der energetisch niedrigste von ihnen ist die Ly-α-Linie ($(2) \rightarrow (1)$) mit ihren 121,6 nm.

Die Spektren von Galaxien, die viele massereiche Sterne beheimaten, sind also mit zwei charakteristischen Eigenschaften ausgestattet:

1. Im Bereich zwischen Lyman- (121,6 nm) und der Ionisierungsgrenze (91,2 nm) ist die Strahlungsintensität der Galaxie deutlich gemindert, verglichen mit dem Bereich höherer Wellenlängen. (Blaue Linie in Abbildung 6.7.)

2. Unterhalb der Ionisierungsgrenze, des *Lyman-Breaks*, leuchten die Galaxien praktisch nicht, alle Photonen werden durch die Ionisierung der Atome „verbraucht".

Der Trick besteht nun darin, einen Ausschnitt des Himmels nacheinander mit drei verschiedenen Filtern aufzunehmen. Filter I lässt nur langwelliges Licht oberhalb der Ly-α-Linie passieren, Filter II nur solches zwischen Ly-α und dem Lyman Break. Ein dritter Filter schließlich ist ausschließlich für kurzwelliges Licht unterhalb des Lyman Break durchlässig.

In der Skizze sind, um nicht mehr Verwirrung als nötig zu erzeugen, die *tatsächlichen* Grenz-Wellenlängen der Lyman-Serie hervorgehoben: 121,6 und 91,2 nm. Sobald wir aber Galaxien mit extrem hohen Rotverschiebungen wie $z = 3$ oder mehr in Augenschein nehmen, sind die markanten Stellen natürlich zu deutlich längeren Wellen verschoben! – in der Tat so weit, dass sie nicht mehr im UV-Bereich liegen, sondern im bequem beobachtbaren *Visuellen*!

Mit einer geeigneten Wahl der Filter lassen sich so durch Beobachtung im sichtbaren Spektralbereich *gezielt* Galaxien mit sehr hohen Rotverschiebungen finden! Bei nahen Galaxien liegt die entscheidende Lyman-Serie nach wie vor im Ultravioletten und fällt nicht einmal auf.

Bis heute hat man Tausende solcher *Lyman-Break-Galaxien* bei Rotverschiebungen von $z \approx$ 3–6 entdeckt! Die Lyman-Break-Methode ist eine fotometrische Methode. Das heißt, man braucht nach dem Aufsetzen der Filter im Prinzip nur Helligkeiten zu messen. *Spektroskopische* Messungen, die man vornimmt, um detaillierte Spektren aufzuzeichnen (aus denen man die Rotverschiebung direkt und sehr genau bestimmen könnte), sind dagegen extrem aufwendig und nur für jeweils *ein* Objekt durchführbar. Darüber hinaus leuchten sehr weit entfernte Galaxien oft viel zu wenig, um überhaupt eine spektroskopische Untersuchung zu erlauben. Mit der Lyman-Break-Methode ist es dagegen möglich, eine hohe Zahl ferner Galaxien mit vergleichsweise geringem Aufwand zu finden.

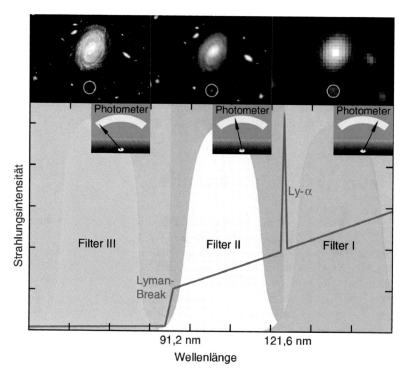

Abb. 6.7 Schematische Darstellung der Lyman-Break-Methode: Die blaue Linie repräsentiert die variierende Intensität der Strahlung. Die Linien der Lyman-Serie sind bis auf die Ly-α-Linie vernachlässigt. Mithilfe der Filter I–III können die jeweiligen Intensitäten/Helligkeiten gezielt gemessen und verglichen werden. Lyman-Break-Galaxien verraten sich dadurch, dass sie durch den Filter III nahezu ausgeblendet werden, da unterhalb des Lyman-Breaks die Intensität praktisch verschwindet. Oben in der Grafik sind reale Filter-Aufnahmen einer Lyman-Break-Galaxie (im grünen Kreis) abgebildet. Man erkennt ihre deutlich variierenden Leuchtkäfte in den einzelnen Spektralbereichen. Das Spektrum einer realen Lyman-Break-Galaxie ist in den Bereich optischer Wellenlängen (400–800 nm) rotverschoben, was hier zugunsten der Anschaulichkeit ignoriert wurde.

Einen Nachteil hat die Methode allerdings. Sie zeigt uns nur Galaxien, deren Spektren die geschilderten Charakteristika aufweisen, also solche, die sich in einer Phase aktiver Sternentstehung befinden. Doch solche Phasen sind meist von relativ kurzer Dauer. Man kann davon ausgehen, ja man *weiß* inzwischen, dass es früh nach der Entkopplung eine weit größere Anzahl von Galaxien geben musste, auch solche mit völlig anderen Eigenschaften und anderen Sternpopulationen. Das bringt uns zur Quintessenz dieses Abstechers in die beobachtende Astronomie:

! Aus der reichen Anzahl von Lyman-Break-Galaxien bei sehr hohen Rotverschiebungen lernen wir, dass die Entstehung und Entwicklung von Galaxien bereits wenige Hundert Millionen Jahre nach der Entkopplung begonnen hat – früher, als man Jahrzehnte lang glaubte!

Halos aus Dunkler Materie

Mit dieser wichtigen Kenntnis im Rücken gehen wir nun zurück in die Zeit, bevor es die ersten Sterne und Galaxien gab. Auf Seite 80 habe ich geschildert, wie das inzwischen freie Gas in die vorbereiteten Potenzialtröge der Dunklen Materie einzuströmen beginnt. Aber auch in der Dunklen Materie selbst setzt sich die Tendenz zur Verdichtung fort. Die Potenzialtöpfe saugen nicht nur Gas aus der Umgebung an, sondern auch (und vor allem) immer mehr Dunkle Materie. Je weiter die Verdichtungen anschwellen, umso mehr leisten sie durch ihre Eigengravitation Widerstand gegen den nach außen gerichteten Zug der Expansion.

Auf Seite 45 haben wir einen einfachen mathematischen Ausdruck definiert, mit dem wir den Grad der Überdichte in einer Region leicht ausdrücken können. Sie erinnern sich: $\delta_7(\vec{r}) = 0{,}13$ an einer Stelle $\vec{r}$ bedeutet, dass dort in einer Kugel von 7 Mpc Durchmesser 13 % mehr Materie versammelt ist als sonst im Durchschnitt. Aus der genauen mathematischen Analyse weiß man, dass die Überdichten auf allen Skalen in genau dem Maße zunehmen, wie das Universum expandiert – solange δ deutlich kleiner als 1 ist! Dann wird es etwas komplizierter, was die mathematische Beschreibung angeht. Sobald eine Fluktuation doppelt so viel Materie enthält ($\delta = 1$!), wie es dem Durschnitt entspricht, beginnt die Fluktuation sich vollständig vom Hubble-Fluss[4] abzukoppeln und immer rasanter zu verdichten; die Fluktuation *kollabiert*.

Dynamisch kann man eine räumlich begrenzte Überdichte als eigenständiges, „lokales Universum" mit eigener Expansionsgeschichte betrachten. In der Tat gelten für ein lokales Gebiet, das sich vom Hubble-Fluss abna-

---

4 So nennt man auch das globale Auseinanderdriften der Materie durch die kosmische Expansion.

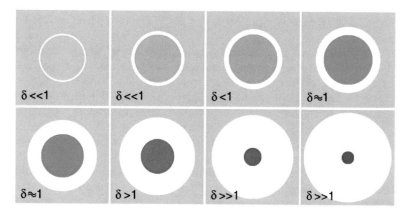

Abb. 6.8 Die Entwicklung einer Dichtefluktuation nach der Entkopplung. Solange die Überdichte δ deutlich kleiner als 1 ist, wächst ihr Radius mit etwas geringerer Rate als der Hubble-Fluss an. Ihre Dichte erhöht sich moderat. Wird δ ≈ 1, koppelt die Fluktuation vom Hubble-Fluss ab und kollabiert; die Dichte vergrößert sich dabei um ein Hundertfaches.

belt, dieselben Friedman-Gleichungen, die die Dynamik des Universums als Ganzes beschreiben. Der einzige Unterschied besteht darin, dass der Dichteparameter Ω_m in der betrachteten Region einen eigenen, individuellen Wert annimmt.

Anders als das „richtige" Universum wird allerdings eine solche Region nicht vollständig auf einen Punkt, eine „Singularität" kollabieren! Das könnte sie nur, wenn die DM- und Gasteilchen darin keinerlei Eigenbewegung nachgehen würden. Wegen der endlichen Temperatur allerdings schwirren die Teilchen wild umher und erzeugen auf diese Weise eine Art *dynamischen Druck*! Es ist genau derselbe Druck, den das komprimierte Gas in einer Luftpumpe erzeugt. Er sorgt dafür, dass der Kollaps irgendwann endet. Das ist ein sehr wichtiger Punkt!

! In baryonischen Gasen und Dunkler Materie gilt:
Temperatur = ungeordnete Bewegung der Teilchen.
Diese ungeordnete Bewegung erzeugt einen inneren Druck, der sich einem Kollaps entgegenstellt.

Dieser Mechanismus greift gleichermaßen in der Dunklen Materie wie in gewöhnlichem Gas. Auch gilt das Prinzip: Je höher die Temperatur, umso höher der Druck – umso vehementer der Widerstand gegen den totalen Kollaps.

Angetrieben von ihrer Eigengravitation schreitet der Kollaps der überdichten Region voran, während gleichzeitig Dichte und Druck steigen. Das geht so lange, bis der interne Druck dem Kollaps der Wolke Einhalt gebietet. Es stellt sich ein stabiles Gleichgewicht ein. Aus der ursprünglichen kleinen Dichtefluktuation hat sich ein eigenständiges, stabiles Objekt geformt, das nun ganz sich selbst überlassen ist. Solche Objekte heißen in der Astronomie *Halos, Dunkle Materie Halos* oder am häufigsten **Dunkle Halos**.

Es gibt eine sehr einfache physikalische Bedingung, nach der sich das dynamische Gleichgewicht in einem Halo einstellt. In eine kurze Formel gepackt, lautet sie:

$$E_{kin} = -\frac{1}{2}E_{pot}$$

E_{kin} steht für die kinetische Energie, also die Bewegungsenergie aller DM-Partikel im Halo. Sie ist natürlich eng verbunden mit seiner Temperatur. Sobald die kinetische Energie gerade halb so groß ist wie die *potenzielle*, d. h. die *Lageenergie* der Teilchen, verharrt der Halo in einem stabilen Zustand, so sagt es die Gleichung. Nun zieht man wieder etwas Mathematik zurate und stellt fest: Dieses sogenannte **Virial-Gleichgewicht**, dieses einfache Verhältnis von Bewegungs- und Lageenergie, stellt sich in etwa dann ein, wenn die Dichte im Halo um ein 200-Faches höher ist als die mittlere Dichte des Universums.

! Eine lokale Überdichte Dunkler Materie verdichtet sich durch ihre Eigengravitatione bis auf den ca. 200-fachen Wert der mittleren Dichte des Universums. Am Ende entsteht ein stabiles Objekt, das wir als *Dunklen Halo* bezeichnen. Einen Halo, der sein dynamisches Gleichgewicht erreicht hat, nennt man *virialisiert*.

Es versteht sich ganz von selbst, dass wir die Dunklen Halos nicht direkt sehen können – weder die heutigen, noch jene des frühen Universums[5]. Anders verhält es sich mit den Verdichtungen im baryonischen Gas, zu denen wir im nächsten Abschnitt zurückkehren.

---

[5] Kritiker könnten sich mit Recht an dem inkonsequenten Gebrauch des Ausdrucks vom „frühen Universum" stören. Manchmal verwendet man den Begriff im Zusammenhang mit den ersten Sekunden und Minuten. Andere meinen damit die heiße Plasma-Epoche der ersten 380 000 Jahre. Ich bin so frei und verwende den Begriff nun auch hemmungslos für die Zeit der ersten Halos, Sterne und Galaxien, also bis $z \approx 30 \dots 7$.

Wir können mit Sicherheit sagen, dass der größte Teil des Wasserstoff-gases im Universum in Gestalt von Klumpen vorliegt, und nicht etwa in dif-fuser, gleichförmiger Verteilung. Das wissen wir aus dem „Lyman-α-Wald" im Spektrum der fernen Quasare.

Der Lyman-Alpha-Wald

Zu den ältesten und am weitesten entfernten Objekten des Universums zäh-len die *Quasare*. Das sind Galaxien, die ihre extremen Leuchtkräfte vermut-lich der Wirkung riesiger Schwarzer Löcher in ihren Zentren verdanken: Die Materie in der Umgebung eines Schwarzen Lochs wird durch dessen enormen Sog in eine sehr heftige Strudelbewegung versetzt. Dabei entsteht Reibung, die das Gas stark aufheizt, was schließlich die hochintensive ther-mische Strahlung erzeugt, die uns beinahe aus dem Anfang des Universums erreicht. Wir empfangen das Licht der Quasare mit Rotverschiebungen von $z > 6$, als das Universum noch nicht einmal ein Zehntel so alt war wie heute.

Bei der Spektralanalyse der Strahlung ferner Quasare fällt auf, dass sich im Bereich unterhalb der Lyman-Alpha-Linie zahlreiche Absorptionslinien dicht an dicht aufreihen. Bevor das Licht des Quasars über Milliarden von Lichtjahren zu uns gelangt, durchquert es zahlreiche riesige Wasserstoff-wolken, die sich über die gesamte Reisedistanz verteilen. Jedes Mal, wenn

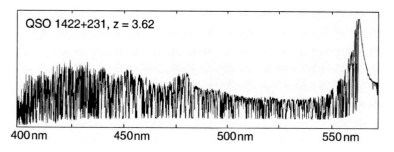

Abb. 6.9 Lyman-Alpha-Wald: Bei den zahlreichen Linien im Spektrum ferner Quasare handelt es sich um die Linien der Lyman-Alpha-Absorption von Gaswol-ken bei unterschiedlichen Rotverschiebungen.

das Licht durch eine Wolke dringt, absorbiert der Wasserstoff einen Teil des Lichtes, insbesondere die bekannte Lyman-Alpha-Linie bei 121,6 nm.

Während das Licht Wolke um Wolke durchläuft, verändert sich mit wachsender Reisedauer die Rotverschiebung der Strahlung. Deswegen „zapfen" die Wasserstoffwolken die Ly-α-Linie des Quasarlichtes bei vielen unterschiedlichen Wellenlängen an. Das Spektrum „merkt" sich jede von ihnen durch eine Einkerbung an entsprechender Stelle.

Wäre das Wasserstoffgas bei hohen Rotverschiebungen homogen verteilt, würde man im Quasarspektrum eine glattgestrichene Minderung der Intensität unterhalb der Ly-α-Linie erwarten. Die diskreten Linien zeigen stattdessen an, dass der Wasserstoff im frühen Universum in klumpiger Struktur vorlag.

Die Geburt der ersten Sterne

Die großskaligen Verdichtungen der Dunklen Materie sind unmittelbar nach der Entkopplung noch nicht besonders stark ausgeprägt ($\delta \ll 1$). Andererseits sind die bereits virialisierten Halos ($\delta \approx 200$) relativ klein und massearm. Ganz gleich also, in welchen Potenzialtopf das Gas hineinströmt, seine „energetische Falltiefe" ist nicht besonders groß. Dadurch kann nur ein kleiner Teil der potenziellen Energie der Wasserstoffwolke in kinetische umgewandelt werden: Die Wolke wird sich nur moderat verdichten. Das Gas erwärmt sich dabei trotzdem auf mehrere Tausend Kelvin. Mit der Verdichtung und Erwärmung des Gases steigt auch sein innerer Druck, der früher oder später schließlich der Gravitation Einhalt gebietet. Der Kollaps des Gases gerät ins Stocken, ganz wie im Fall der Dunklen Materie.

Aus Beobachtungen in der Milchstraße, unserer eigenen Galaxie, wissen wir, dass Sterne in extrem kalten und dichten Gaswolken entstehen. Der Pferdekopf-Nebel im Sternbild Orion gehört zu den bekanntesten Beispielen hierfür. In den Sternentstehungsgebieten unserer Galaxis herrschen Temperaturen von gerade einmal 5–15 K. Sie sind die kältesten Regionen der interstellaren[6] Materie. Dennoch sorgen 10^8 Teilchen pro Kubikzentimeter für extrem hohe Dichten, verglichen mit den Gaswolken der ersten Halos. Zur Sternentstehung braucht es also eine kalte, aber gleichzeitig sehr dichte Umgebung.

---

6 *Inter-stellar* = „zwischen den Sternen".

Sie sehen schon das Dilemma. Das Gas in den Halos ist nicht besonders dicht und alles andere als kühl. Wie aber soll es weiter kontrahieren? Und würde es sich durch eine weitere Verdichtung nicht noch mehr aufheizen?

Im Gegensatz zur Dunklen Materie kann das Wasserstoffgas in dieser Situation einen Joker ziehen und sich eines simplen Mechanismus bedienen: Es kann *kühlen*! – Und schon ist das Problem gelöst! Oder nicht? Kälteres Gas erzeugt einen geringeren Druck, die Schwerkraft gewinnt wieder die Oberhand. Das Gas kann sich weiter verdichten und erreicht irgendwann die nötige Kompaktheit, die es braucht, um Sterne hervorzubringen! Wenn es so einfach wäre.

Kühlung! Was so trivial klingt, bereitet dem primordialen Wasserstoff/Helium-Gas ernsthafte Schwierigkeiten. Wie kann Gas überhaupt kühlen? Nun, indem es Energie loswird. Um Energie loszuwerden, muss es z. B. elektromagnetische Strahlung emittieren. Auch kein Problem! Lassen wir zum Beispiel zwei Atome oder ein Elektron und ein Atom zusammenstoßen, so wird das Atom kurzfristig in einen angeregten Zustand befördert (siehe Kasten zu den Emissionslinien). Aber darin hält es sich nicht lange. Schnell fällt das Elektron von der höheren Schale zurück in den Grundzustand. Die frei gewordene Energie verlässt mit einem Photon das Atom und (mit etwas Glück) die ganze Gaswolke. Woran kann es jetzt noch scheitern?

Daran: Der energetisch niedrigste Übergang, der mit signifikanter Häufigkeit stattfindet, ist der Ly-α-Übergang (2. Schale → 1. Schale). Die dabei abgestrahlte Energie beträgt 10,2 eV. Aus der Thermodynamik weiß man: Jede Energie entspricht einer äquivalenten Temperatur, oder anders gesagt: Energie lässt sich stets auch in Kelvin ausdrücken und umgekehrt[7]. 10,2 eV entsprechen einer enormen Temperatur von 120 000 K! Die Teilchen eines Gases mit dieser Temperatur tragen im Mittel eine Energie von 10,2 eV mit sich. Da die Verteilung der Energie auf die Teilchen sehr unausgewogen ist, gibt es in einem Gas immer einige Partikel mit sehr niedriger Energie, sehr viele mit mittlerer und wiederum *wenige* Teilchen mit sehr hoher Energie.

---

7 Die Umrechnung zwischen Energie E und Temperatur T läuft nach der einfachen Beziehung $E = k_B T$. Die Konstante $k_B = 8,62034 \times 10^{-5}$ eV/Kelvin heißt *Boltzmann-Konstante*, nach dem österreichischen Physiker Ludwig Boltzmann (1844–1906). Die Konstante drückt aus, dass sich die Energie eines thermodynamischen Systems um ca. $8,62 \times 10^{-5}$ eV erhöht, wenn es um 1 Kelvin erwärmt wird. Umgekehrt: Führt man dem System 1 eV Energie zu, erhöht sich seine Temperatur um 11 600 K.

Betrüge nun die Temperatur unseres Wasserstoffgases etwa 10 000 K, läge zwar seine mittlere Energie bei weniger als 1 eV; aber es gäbe immer noch zahlreiche Teilchen darin, die die Energie von 10,2 eV aufbrächte. Diese könnten dann in den Atomen genügend Ly-α-Übergänge auslösen und so für eine effiziente Energieabstrahlung sorgen. Das Gas im Halo bringt es aber nur auf etwa 3000 K. Zu wenig, um durch den Ly-α-Mechanismus zu kühlen, aber zu viel, um weiterhin effektiv zu kontrahieren!

Erst in den späten 80er-Jahren ist man diesem fundamentalen Problem auf die Schliche gekommen. Als Rettung entpuppen sich die Wasserstoff-*Moleküle*! Bei hinreichend niedrigen Temperaturen verbindet sich der größte Teil der Wasserstoffatome mit je einem zweiten zu einem Molekül. Auch darin gibt es diskrete Energie-Anregungsstufen, die sich allerdings deutlich von jenen des atomaren Gases unterscheiden. Ihr wahrscheinlichster Übergang liegt energetisch deutlich unterhalb der Ly-α-Linie und kann somit bereits in deutlich kühlerem Gas angeregt werden.

Auf diese Weise kann das Gas letztendlich auf etwa 200 K abkühlen und einen kompakteren, dichteren Zustand einnehmen. Sehr effizient ist diese Art der Kühlung gerade nicht – aber es reicht, um die ersten Sterne in das Universum zu pflanzen. Durch einen sehr komplexen Mechanismus *fragmentiert* die Wolke irgendwann in zahlreiche deutlich kleinere Klumpen. Jeder dieser Gasklumpen, der die Jeans-Kriterien erfüllt, wird sich *noch* weiter zusammenkrampfen. Die Wirkung der Gravitation wächst über sich hinaus. Das Gas kontrahiert innerhalb so kleiner Zeitskalen, dass es nicht mehr effizient kühlen kann. Am Ende erreichen die Zentren der Gas-Globulen Temperaturen von 15 Millionen K. Das ist die magische Temperatur, bei der die **Kernfusion** zünden kann – die Verschmelzung je zweier Wasserstoff-Kerne zu einem Heliumkern. Mit diesem Augenblick wird aus der heißen Wolke eine Dauerwasserstoffbombe – ein *Stern* eben! Die Energie-Versorgungsmaschine ist in Gang gesetzt und hält den neugeborenen Stern wenigstens über Jahrmillionen am Leben[8]! Aus den Daten von WMAP, der für beinahe jede Frage der Kosmologie eine Antwort weiß, glauben die Astrophysiker zu lesen, dass die ersten Sterne im Universum bei einer Rotverschiebung von etwa $z = 30$ aufflackerten, nur ca. 100 Millionen Jahre nach dem Urknall!

---

8 Die Physik der Sternentstehung füllt Bibliotheken. Sie stellt einen lebhaften und hochaktuellen Forschungszweig dar und ist bis heute keineswegs voll verstanden. Als leicht verständliche Einführung sei der *Astrophysik aktuell*-Band „Sternentstehung" von Ralf Klessen empfohlen.

Wie die ersten Sterne dem Universum einheizen

Es lohnt sich, noch einmal einen kurzen Schritt zurückzugehen. Die 200 K, die das Gas mithilfe der Moleküllinien erreicht, sind immer noch sehr viel im Vergleich zu den Temperaturen der heutigen Sternenstehungsgebiete in der Milchstraße ($\approx$ 10 K). Deswegen müssen die einzelnen Gasklumpen, die Fragmente der ursprünglichen Wolke, sehr hohe Massen aufbringen, um nach den bekannten Jeans-Kriterien tatsächlich auf die kompakte Gestalt eines Sterns zu kollabieren. Aus diesem Grund geht man davon aus, dass die ersten Sterne im Mittel wesentlich größer und massereicher waren als die heutigen. Man rechnet mit typischen Massen von 100 $M_\odot$, also dem Hundertfachen der Masse $M_\odot$ unserer Sonne ($M_\odot \approx 2 \times 10^{30}$ kg). Sterne der heutigen Generation sind im Durchschnitt wesentlich leichter. Sie decken einen Massenbereich von einem Zehntel bis zum Hundertfachen der Sonnenmasse ab, und dabei gibt es wesentlich mehr leichte Sterne als schwere. 100 $M_\odot$-Riesen stellen heute die absolute Ausnahme dar.

Wir haben es schon weiter oben angesprochen: Massereiche Sterne, leuchtkräftige Sterne, blaue Sterne – alles dasselbe! Der Hintergrund ist leicht zu verstehen: Sterne mit hoher Masse erzeugen in ihrem Kern einen sehr hohen Druck und damit eine hohe Temperatur. Dadurch geht die Kernfusion wesentlich effektiver vonstatten als in einem kleineren, masseärmeren Stern. Pro Sekunde werden deswegen viel mehr Wasserstoffkerne in Helium umgewandelt, so dass der Stern wesentlich mehr Energie abstrahlt als ein kleinerer Artgenosse. Die ersten Sterne im Universum mit ihren 100 $M_\odot$ versehen ihre Umgebungen mit extrem intensiver UV-Strahlung. Ihre Photonen sind – auch davon war schon häufig die Rede – leicht in der Lage, die Wasserstoffatome in der Nähe des Sterns zu ionisieren. Bald nach der Geburt der Sterne gleicht das Universum einem Emmentaler, dessen Löcher ionisierten Gasblasen um die heißen Sterne entsprechen. Je mehr solcher Sterngiganten aufleuchten und je länger sie das interstellare Medium bestrahlten, umso größer werden die Blasen – bis sie sich mehr und mehr überlappen und bald den gesamtem Kosmos einnehmen! Aus den Spektren zahlreicher Quasare weiß man heute, dass das Universum bei $z \approx$ 7–6 vollständig (!) ionisiert war! Man spricht in diesem Zusammenhang von der **Reionisierung** des Universums.

Es scheint auf den ersten Blick kaum glaubhaft, dass es ein paar eigentlich mickrigen Sternen gelingt, das Gas im ganzen Universum anzuregen und aufzuheizen! Aber Sterne sind sehr effiziente Kraftwerke! Eine kleine Überschlagsrechnung mag das verdeutlichen: Bei der Fusion von Wasserstoff zu Helium wird pro beteiligtem Baryon 1 MeV an Energie frei. Zur Ionisation eines einzelnen Wasserstoff-Atoms bedarf es dagegen einer Energie von lediglich 14 eV. Das bedeutet: Selbst wenn nur jedes 70 000. Baryon an der stellaren Kernfusion mitwirkt, reicht die erzeugte Kernenergie für eine vollständige Ionisierung des Universums aus.

WMAP, das große Orakel der modernen Kosmologie, lehrt uns, dass sich der Prozess Reionisierung bei einer Rotverschiebung um $z \approx 11$ abspielte, als das Universum knapp eine halbe Milliarde Jahre alt war.

Eine Frage bliebe noch zu klären. Ich sprach eben davon, dass die Sterne der heutigen Population deutlich geringere Massen hätten als jene der ersten Generation. Wie kommt das?

Der Grund liegt in dem wesentlich effektiveren Kühlmechanismus, auf den die „modernen" Sterne bei ihrer Entstehung zurückgreifen können. Die ersten Sterne „verbrannten" sehr effektiv und sehr rasch ihren Wasserstoff zu Helium. Andere Elemente gab es zu jener Epoche nicht. Als der Vorrat an Wasserstoff in ihrem Kern aufgebraucht war, erloschen die Sterne keineswegs, sondern gingen einen Schritt weiter: Nun machten sie sich daran, die Heliumkerne ihrerseits zu noch schwereren Kohlenstoff-Kernen zu verschmelzen. In derselben Weise erzeugten die kosmischen Reaktoren nacheinander Elemente wie Stickstoff und Sauerstoff, bis hin zum Eisen. Eisen kann indes nicht mehr gewinn- (sprich: energie-)bringend fusioniert werden. Die Kette ist zu Ende. Wenn ein Stern von solcher Masse dem Ende seines Lebens gegenübersteht, so erlischt er nicht einfach sang- und klanglos. In einer letzten gewaltigen Eruption schleudert er sämtliches Material in den Weltraum, das er im Laufe seines kurzen Lebens ausgebrütet hat. Das Ableben eines massiven Sterns gehört zu den energiereichsten Prozessen, die man im Universum kennt. Jeder von Ihnen hat bereits zuhauf von solchen Ereignissen gehört. Die Rede ist von den Supernovae.

Die zahlreichen Supernovae gerade im frühen Universum waren dafür verantwortlich, dass das interstellare Gas mit zahlreichen schweren Atomen angereichert wurde[9]. Das Gas der Milchstraße (und aller anderen Galaxien) ist durch und durch verunreinigt mit Elementen wie Kohlenstoff, Eisen und Ähnlichem. Die Atome dieser schweren Elemente oder „Metalle" besitzen sehr günstige Energieniveaus für eine effektive Kühlung. Eine kollabierende Gaswolke, bevor sie einen Stern gebiert, kann so auf Temperaturen um die 10 K kühlen. Mit der Temperatur fällt die Jeans-Masse, es entstehen wesentlich „handlichere" Sterne von 0,1 bis 10, manchmal auch 100 Sonnenmassen.

---

9 Während der Supernova selbst entstehen noch wesentlich schwerere Kerne als Eisen ^{26}Fe; auch sie mischen sich nach der Explosion in das interstellare Medium.

Dunkle Halos, die Zweite

Ich habe sie Ihnen schon kurz vorgestellt, die großen kosmischen Mate-riesammelbecken. Nach der Rekombination sind sie die ersten isolierten, eigenständigen Strukturen. Keine Galaxie, sei sie elliptisch, spiralförmig oder irregulär, die nicht von einem umgeben wäre. Kein Galaxienhaufen, kein Superhaufen, der nicht eingebettet wäre in einen ungleich gewaltigeren Dunklen Halo. Sie sind die eigentlichen Monster im Weltall. Man vermutet heute im Universum Halos von Million Milliarden (10^{15}) Sonnenmassen!

Mit dem Entstehen der Halos tritt die kosmologische Strukturbildung ein in ihre sogenannte *nicht lineare* Phase: Der Dichtekontrast δ erhöht sich nicht mehr proportional zur Größe a des Universums, $\delta \sim a$, sondern we-sentlich rasanter. Für die Kosmologen bedeutet das, dass die Entwicklung des Dichtekontrastes und der Strukturen nicht mehr den einfachen Gesetzen folgt, die man im Prinzip mit Papier und Bleistift unter Kontrolle hat.

Wendet man die Jeans-Kriterien auf den frühen Kosmos nach der Ent-kopplung an, findet man nach einer recht simplen Überschlagsrechnung, dass die ersten Halos $10^6\,M_\odot$ schwer sein mussten. Das entspricht inter-essanterweise gerade der Masse der sogenannten **Kugelsternhaufen**, den ältesten Strukturen unserer Galaxis. Solche eher kleine Halos waren die Geburtsstätten der ersten Sterne.

Aus simplen theoretischen Überlegungen weiß man, dass die Halos der heutigen Galaxien die Massen der sichtbaren Materie (Gas und Sterne) um ein Vielfaches übertreffen. Man packt das Verhältnis von Dunkler und leuchtender Materie meist in eine bequeme Zahl, das **Massen-Leuchtkraft-Verhältnis** und orientiert sich dabei an der Masse und der Leuchtkraft der Sonne; *ihr* M/L-Verhältnis ist per Definition 1 $M_\odot/L_\odot$. Misst man das M/L-Verhältnis ganzer Galaxien, ergeben sich typische Werte von etwa $10\,M_\odot/L_\odot$. Stets zeigt sich, dass größeren Strukturen ein höheres M/L-Verhältnis zuzeigen ist. Für Galaxien-Gruppen wie die Lokale Gruppe misst man $M/L \approx 100\,M_\odot/L_\odot$. Riesige Galaxienhaufen erreichen sogar Werte von mehreren Hundert bis zu $1000\,M_\odot/L_\odot$! All das weist deutlich dar-auf hin, dass die kosmischen Strukturen auf großen Skalen zunehmend von Dunkler Materie in Form Dunkler Halos dominiert werden.

Die Kosmologen sind seit jeher daran interessiert, zu verstehen, wie die Massen der Halos ihrer Häufigkeit nach verteilt sind. Gibt es mehr kleine Halos oder mehr große? Gab es früher genauso große Halos wie heute oder gar größere? Und wie groß waren die größten Halos bei $z = 4, 3, 2, \ldots$? Und wie ist das heute?

Eine Möglichkeit, dies herauszufinden, besteht in der Simulation der Strukturbildung im Computer. Diese Erkenntnismethode ist aber eine sehr junge, da die Computer erst seit wenigen Jahren über die notwendigen Ressourcen verfügen, um solchen Mammut-Aufgaben gewachsen zu sein. Der elegantere Weg ist ohnehin stets, einen mathematischen Ausdruck zu finden, der uns zum Beispiel sagt, wie viele Halos einer bestimmten Masse zu einer bestimmten Epoche den Kosmos bevölkerten.

1974 gelang den beiden jungen Astrophysikern Bill Press und Paul Schechter vom *California Institute of Technology* (*Caltech*) das Kunststück. Ausgehend von sehr wenigen simplen statistischen Annahmen, wie wir sie zum Teil in diesem Band besprochen haben, entwickelten Press & Schechter ein Rezept, mit dem sich die zeitliche Entwicklung der Halopräsenz im Universum leicht berechnen lässt. Das Ergebnis ist in Abbildung 6.10 dar-

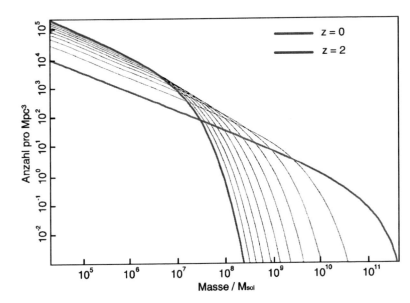

Abb. 6.10 Die Press-Schechter-Massenfunktion bei unterschiedlichen kosmologischen Epochen von $z = 0$ bis $z = 2$. Die Kurven illustrieren, wie viele Objekte bestimmter Masse es zu unterschiedlichen Zeiten im Universum gab. Heute ($z = 0$, rote Kurve) ist die Materie tendenziell in massereicheren Objekten gebunden als zu früheren Epochen.

gestellt. Jede Linie steht für die Halo-Bestandsaufnahme zu einer bestimmten kosmologischen Epoche.

Wir sehen aus der Grafik: Je mehr die Zeit voranschreitet, umso größere und massereichere Halos bevölkern das Universum. (Die Größe/Masse der Halos ist auf der waagrechten Achse aufgetragen.) Gleichzeitig nimmt die Anzahl der kleineren Halos mit der Zeit ab! In jeder festen Epoche gibt es außerdem deutlich mehr kleine Halos als große, die Diskrepanz wird allerdings geringer, je älter das Universum wird. Wie es scheint, bilden sich die großen Strukturen durch Verschmelzen der kleineren! In der Abbildung 6.10 sind einige Press-Schechter-Funktionen für ein einfaches *Einstein-de-Sitter*-Universum ($\Omega_m = 1$; $\Lambda = 0$) eingetragen. Würde man die Kurven für unser favorisiertes Modell ($\Omega_m = 0{,}27$; $\Lambda = 0{,}73$) berechnen, ergäben sich zwar kleinere Unterschiede in den Details, aber qualitativ erhielten wir dasselbe Bild.

Leider können wir das Press-Schechter-Modell nicht direkt mit der Realität vergleichen, weil wir Dunkle Halos nicht sehen können. Aber es ist doch sehr ermutigend, dass die Ergebnisse der Computersimulationen sehr gut mit dem Modell übereinstimmen.

Wir fassen die wesentlichen Punkte zusammen:

! Dunkle Halos sind die kosmischen Sammelbecken für das Gas. Sie sind die Geburtsstätten der Sterne und Galaxien. Die ersten Halos sind vergleichsweise klein und leicht, ihre Massen liegen bei $10^6\ M_\odot$. Im Verlauf der kosmischen Geschichte gibt es immer größere und weniger kleine Halos.

Kapitel 7

Ein Abriss
der Galaxienentstehung

Mit der kosmischen Geschichte der Halos haben wir in der gebotenen Kürze schon eine Richtschnur für die Entstehungsgeschichte der Galaxien gezogen. Denn das Leben jeder Galaxie, von der Geburt bis zur Vergreisung der stellaren Populationen, spielt sich ab in einem riesigen Kokon aus dunkler Materie. Aber wieso sehen wir Spiralen, Ellipsen und Irreguläre Galaxien am Himmel? Und wie geht es mit den Sternen weiter?

Obwohl wir bis heute die Natur der Dunklen Materie nicht kennen, tun wir uns im Verständnis ihrer Dynamik wesentlich leichter als bei den Baryonen. Das ist auch klar, denn die DM-Teilchen wirken nur über das einfache Kraftgesetz der Gravitation miteinander. Sie kennen keine elektromagnetische Strahlung und keine Reibung im herkömmlichen Sinne. Man sagt, ihre Dynamik sei *stoßfrei*. Das bedeutet: Die Bewegung eines jeden Teilchens ist nur durch den Einfluss des globalen Kraftfeldes bestimmt. Nehmen wir als einfaches Beispiel einen Dunklen Halo mit perfekter Kreisform, dessen Dichte nach außen hin stetig abnimmt (wie man es vernünftigerweise erwartet). Schon der alte Isaac Newton hätte das Kräftefeld bestimmen können, das den Halo durchzieht. Möchte man berechnen, welche Kraft auf ein x-beliebiges Teilchen an der Stelle $\vec{R} = (x, y, z)$ wirkt, brauchen wir nur seine Koordinaten x, y, und z in die Kraft-Formel einzusetzen. Fertig.

Ganz anders verhält es sich mit dem Gas. Es erhitzt sich durch Reibung, es unterliegt komplizierten hydrodynamischen Strömungsgesetzten, und es wechselwirkt nach ebenso komplizierten Gesetzen mit Strahlung.

Es wird Sie daher nicht verwundern, dass es bis heute keine abgeschlossene, konsistente Theorie gibt, aus der man die ganze Erscheinungsvielfalt im Zoo der Galaxien in all ihren Details ableiten könnte. Eine konsistente Theorie der Galaxienentstehung muss das Nebeneinander von Gas und Staub, Sternen und Dunkler Materie unter einen Hut bekommen. Sie muss die unterschiedliche Größe und Gestalt von Ellipsen, Spiralen und Irregulären ebenso auflösen wie die Dynamik der Sterne darin. Sie sollte, im Idealfall, die Spektren der Galaxien reproduzieren und ihre Zukunft prognostizieren können.

Wir wollen zum Abschluss dieses Bandes einen Streifzug durch dieses hochaktuelle, unfertige Kapitel der Kosmologie unternehmen. Wie entstehen die prachtvollen Galaxien, die sich uns milliardenfach am Firmament zur Schau stellen?

Galaktische Scheiben

Ich habe davon berichtet, wie das primordiale Wasserstoff/Helium-Gas in die Dunklen Halos fällt, wie es kühlt und wie schließlich in den dichtesten Bereichen der fragmentierten Wolke die Kernfusion zündet. Es gibt eine kleine Sache, die ich dabei unterschlagen habe.

Noch bevor nämlich das Gas in den Halo einfiel, verspürte es die Gezeitenkräfte des inhomogenen Gravitationsfeldes in seiner Umgebung und sitzt nun langsam rotierend als aufgeplusterte Wolke im Halo. Es handelte sich dabei gewiss nicht um eine geordnete Rotation, wie man es etwa von einer starren Kugel kennt. Vielmehr sausen die Gaspartikel in x-beliebigen Richtungen wild umher wie Mücken. Würde man aber die Bewegungen aller Teilchen in Bezug auf die Mittelachse der Wolke aufsummieren, würde man feststellen, dass der Gas-Ball eine langsame Netto-Rotationsbewegung ausführt. Die Wolke hat einen **Drehimpuls**, wie es in der Mechanik heißt. Aus der Mechanik der einfachen Geradeaus-Bewegungen kennt man den Impuls eines Körpers, das Produkt seiner Masse und seiner Geschwindigkeit. Ganz analog definiert man für die Rotation eines Körpers (oder Systems) relativ zu einem Punkt den Drehimpuls als das Produkt aus seiner Masse, Geschwindigkeit und seines Abstand zum Rotationszentrum. Das Besondere an den beiden Größen ist, dass die in einem abgeschlossenen mechanischen System (d. h. einem solchen, auf das keine äußeren Kräfte wirken) *zeitlich konstant* bleiben. Das erleichtet viele mechanische Berechnungen, vor allem aber ist es eine Rahmenbedingung, die von der Natur strikt eingehalten wird.

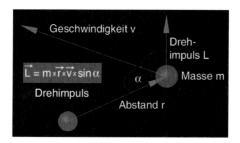

Abb. 7.1 Der mechanische Drehimpuls ist eine fundamentale Erhaltungsgröße in der Physik. Das Produkt aus der Masse der Körpers, seinem Abstand zum Rotationszentrum und seiner Geschwindigkeit bleibt konstant, sofern keine äußeren Kräfte wirken. Die Erhaltung des Drehimpulses spielt eine wesentliche Rolle beim Kollaps von Gaswolken zu Galaxien oder Sternen.

Ein bekanntes Beispiel, das die Erhaltung des Drehimpulses sehr schön demonstriert, ist die Pirouette eines Eiskunstläufers. Nachdem er in die Drehbewegung übergeht, hält er zunächst ein Bein und beide Arme von sich gestreckt. Sowie er seine Gliedmasen eng an sich zieht, beschleunigt er deutlich sichtbar seine Drehungen. Sie werden langsamer, sobald er die Arme wieder zur Seite streckt.

Für die Entstehung der Galaxien ist dieses physikalische Prinzip von großer Bedeutung. Kühlt die Gaswolke, beginnt sie damit, sich zusammenzuziehen. Dabei bleibt der Drehimpuls eines jeden Teilchens erhalten mit der Folge, dass die Wolke in schnellere Rotation versetzt wird! Der Drehimpuls ist es auch, der verhindert, dass die Wolke völlig in sich zusammenstürzt. Vielmehr nimmt sie am Ende ihrer Metamorphose die Form einer flachen Scheibe an, denn nur so kann der Drehimpuls gewahrt werden.

Erst *dann*, nach der Bildung der Gasscheibe, kommt es an vielen Stellen zum weiteren Kollaps und zur Entstehung der Sterne. (Übrigens: Auch die lokalen Kollaps-Ereignisse, die letztlich die Sterne hervorbringen, gehen mit der Bildung einer Gasscheibe einher! Man beobachtet sie in der Umgebung werdender Sterne. Aus ihr können sich später eventuell Planeten bilden!)

Damit ist bereits ein ganz wesentliches morphologisches Merkmal der Galaxienwelt erklärt: Die Scheibengestalt der Galaxien geht in völlig natürlicher Weise aus dem Kollaps der Gaswolken hervor, wenn diese nur den Drehimpulserhaltungssatz beherzigen. (Und anderes bleibt ihnen kaum übrig.) Gleichzeitig ist damit leicht zu verstehen, weshalb die Sterne in einer

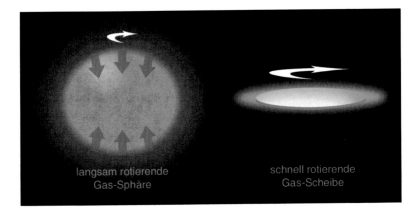

Abb. 7.2 Die Erhaltung des Drehimpulses verhindert, dass eine rotierende Gaswolke entlang jeder ihrer Achsen beliebig kollabiert. Aus einer graviationsinstabilen Gaswolke entsteht dadurch eine rotierende Scheibe.

galaktischen Scheibe stets in derselben Orientierung um das Zentrum kreisen.

Der Drehimpuls gestaltet nicht nur die qualitative Erscheinung der Galaxie, indem er für ihre Scheibenform sorgt. Sein genauer Wert bestimmt auch den Durchmesser der Scheibe! Je größer der Drehimpuls, umso größer die Scheibe!

Mithilfe von Computersimulationen versuchen die Kosmologen seit vielen Jahren, die Entstehung der Galaxien nachzuvollziehen. Und ohne Frage ist ihnen darin ein bemerkenswerter Erfolg beschieden, vor allem wenn es um die großskalige Verteilung der Galaxien in Haufen und Superhaufen geht. Sobald sie allerdings versuchen, eine realistische Scheibengalaxie nachzubilden, fangen die Probleme an. Schon einfachste Physik wie die Erhaltung des Drehimpulses spielt den Forschern in ihren Simulationen böse Streiche.

Feedback

Aus den Simulationen ergibt sich nämlich, dass das Gas, während es zur Scheibe kollabiert, bereits an lokalen Instabilitäten leidet und sich somit an zahlreichen Stellen bereits in der frühen Kollaps-Phase enorm verdichtet. Durch einen Mechanismus, den man *dynamische Reibung* (Abbildung 7.3) nennt, geben diese lokalen Verdichtungen einen Teil ihres Drehimpulses an die umgebende Dunkle Materie ab, sprich: Sie verlieren Geschwindigkeit! Im Gesamtsystem aus Dunkler Materie und Gas bleibt der Drehimpuls damit natürlich erhalten; die betroffenen kleinen Gasklumpen allerdings kreisen nun auf engeren Bahnen als zuvor um das Halozentrum. Dieser Effekt betrifft gerade jene Regionen des Gases, aus denen sich später die Sterne bilden. Deshalb liefern kosmologische Simulationen grundsätzlich Scheibengalaxien, die bei Weitem zu klein sind!

Die Kosmologen sehen darin nicht in erster Linie ein Computer- oder Software-Problem, sondern sie lernen daraus, dass sie die Physik der Galaxien-Entstehung bisher nur unzureichend verstanden haben.

Als ich 1998 mit meiner Promotion in Heidelberg begann, war das kosmologische Drehimpuls-Problem schon in aller Munde. Damals waren die simulierten galaktischen Scheiben etwa zehnmal größer als die wirklichen. Heute, zehn Jahre später, hat man das Problem zwar gelindert, aber noch nicht vollends gelöst. Immer noch sind die berechneten Galaxien um einen Faktor 2 bis 3 zu groß.

Während dieser zehn Jahre haben sich die Rechner-Kapazitäten um ein Vielfaches erhöht. Ein Teil des Drehimpuls-Problems konnte in der Tat gelöst werden, indem man die räumlichen *Auflösungen* der Simulationen deutlich verbesserte – diese Möglichkeit ist eine direkte Konsequenz schnellerer Prozessoren. Der wesentliche physikalische Faktor im Zusammenhang mit dem Drehimpulsproblem lässt sich ebenfalls in ein einziges Wort verpacken: *Feedback!* – oder, zu Deutsch, *Rückkopplung*.

Das Prinzip ist wieder einmal recht einfach. Zu Zeiten aktiver Sternentstehung bringt das Universum auch viele Monstersterne mit dem 10- oder 50-fachen der Sonnenmasse hervor. Ich habe es oben bereits erwähnt, solche Sterne leben wild und gefährlich, sie werden nicht alt. Innerhalb von einigen zehn Millionen Jahren oder weniger erreichen sie das Ende ihrer Brennstoffkette und beenden dann ihr kurzes Leben in einem infernalischen Donnerschlag, einer Supernova. Dabei werden ca. 10^{44} Joule Energie in Form von Strahlung in die kosmische Umgebung gepumpt! Das entspricht der 400 Milliarden Billionen-fachen Energie der stärksten Atombombe[1], die auf der Erde je gezündet wurde.

---

1 Die stärkste jemals getestete Kernwaffe war die russische *Zar-Bombe* von 1961, mit knapp 60 Megatonnen TNT-Äquivalent.

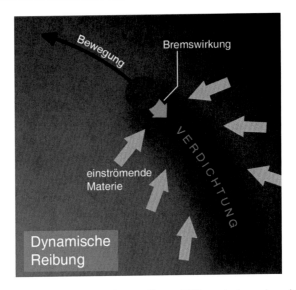

Abb. 7.3 Prinzip der dynamischen Reibung. Während ein mehr oder minder kompaktes Objekt um das Halozentrum kreist, sammelt es wegen der Wirkung seiner Gravitation Dunkle Materie aus der unmittelbaren Umgebung, die sich im „Bewegungs-Schatten" des Objektes verdichtet. Die Verdichtung bewirkt ihrerseits eine verstärkte Gravitationskraft im Rücken des Objekts und verlangsamt so dessen Bewegung. Das Objekt verliert Drehimpuls an die DM-Partikel, verlangsamt seine Bewegung und driftet auf einer Spiralkurve in das Halozentrum. Dieser Effekt greift auch bei diffusen Gaswolken, sofern ihre Dichte höher ist als die der Umgebung.

Solche Energieinjektionen heizen das Gas in der Umgebung der Explosion enorm auf oder blasen es sogar fort. Natürlich gibt es in der Frühphase der Entstehung einer Scheibengalaxie sehr viele solcher Supernovae. Und weiter ist zu bedenken, dass sie nach kosmologischen Maßstäben sehr schnell nach dem Einsetzen der Sternentstehung aktiv werden. 50 Millionen Jahre (so lange leben die Riesensterne höchstens) sind nicht besonders viel in der Kosmologie. Lange Rede, kurzer Sinn: Das klumpende Gas wird durch zahlreiche Supernova-Explosionen effizient daran gehindert, sich weiter zu verdichten. Der Effekt der dynamischen Reibung kann somit nicht mehr greifen, und der Drehimpuls verbleibt in der Gaskomponente.

Seit Jahren werden in den numerischen Simulationen verschiedene Feedback-Szenarien durchprobiert, mit schwankendem Erfolg. Wie sich zeigt, sind die Energiespritzen, die man dem Gas zuführen muss, überraschend groß, um auch nur annähernd realistische Scheiben erhalten. Selbst im Falle eines Erfolgs steht man allerdings vor dem Problem, dass das Szenario kaum durch irgendwelche Beobachtungen überprüft werden kann. Denn es ist mit dem Blick durch das Teleskop kaum zu ermitteln, welche Energiebeträge zu welcher Zeit in das Gas geflossen sind.

Mit dem Drehimpulsproblem ist bereits einer der hartnäckigsten Stolpersteine beim Namen genannt. Jahrelang hatte man ähnlich große Sorge wegen eines verwandten Problems, das der *Missing Satellites*.

Zwar können wir im Universum keine Dunklen Halos mit eigenen Augen sehen, wohl aber verraten uns die leuchtenden Galaxien, wo die Halos sich verbergen. Denn jede Galaxie lebt tief eingebettet in einem solchen. Umgekehrt erwartet man, dass in jedem Halo, auch in den kleineren, irgendwann eine sichtbare Galaxie wächst. Warum sollte das gleichverteilte Gas nach der Entkopplung bestimmte Potenzialtöpfe gemieden haben? Dafür scheint es keinen Grund zu geben. Im Rahmen unseres favorisierten ΛCDM-Modells finden wir aber, dass es im Universum viel, viel mehr Halos im Bereich von 10^6 bis $10^9 M_\odot$ geben sollte, als wir tatsächlich sehen. Oft spricht man auch vom *dwarf galaxy* (Zwerg-Galaxien-)Problem. Denn einhergehend mit den kleinen Halos würde man zum Beispiel in der lokalen Gruppe mehrere Hundert Zwerggalaxien erwarten. Tatsächlich gibt es nur etwa 40.

Das *dwarf galaxy problem* bereitet den Kosmologen deutlich weniger Kopfzerbrechen als das Drehimpulsproblem, denn hier scheint man einer plausiblen Lösung viel näher zu sein. Man glaubt, dass das Gas der kleinen Halos bei hoher Rotverschiebung durch energiereiche UV-Strahlung oder durch Supernovae aus dem Halo geblasen wurde. Im Gegensatz zu den massereichen Halos binden die kleinen baryonische Materie weit weniger stark an sich. Und so ist es ohne Weiteres vorstellbar, dass ein wie auch immer gearteter äußerer Einfluss das Gas oder die Sterne aus ihren angestammten Plätzen vertreiben konnte. Und doch hadert man noch mit Lösungen solcher Art. Wenn es nämlich viele „leere" Halos in der Umgebung der Milchstraße gäbe, so wie es das ΛCDM-Modell vorhersagt, dann sollten sie sich in irgendeiner Weise auf die Dynamik der Scheibe oder auf ihre Gestalt auswirken. Derlei wird aber nicht beobachtet. Gibt es vielleicht doch nicht mehr Halos, als wir „sehen"? Liegt das Problem vielleicht viel tiefer auf dem Grund des Bottom-up-Szenarios mit kalter Dunkler Materie? Bis heute kann das niemand beantworten.

Elliptische Galaxien und das Merger-Szenario

Dennoch möchte ich behaupten, dass sich am bestehenden Bild der Dunklen Materie nichts Wesentliches ändern wird, und die meisten Kosmologen würden dem wohl zustimmen. Die Probleme des Modells liegen im Detail. Auf den Skalen der Galaxiengruppen und darüber leistet das ΛCDM-Modell Phantastisches.

Zu den ureigenen Merkmalen der hierarchischen Strukturbildung gehört, dass kleine Strukturen zu immer größeren verschmelzen. Wir sehen diesen Prozess zum Beispiel in den großen Galaxienhaufen am Werk. Die Dynamik ihrer Mitglieder verrät uns in vielen Fällen, dass die Haufen, denen sie angehören, noch im Werden sind. Das heißt, die großen Strukturen scheinen erst entstanden zu sein, als das Universum bereits ein ansehnliches Alter hatte. Bei einer Rotverschiebung von $z \approx 3$ sucht man vergeblich nach Galaxienhaufen.

Ein Bonbon unter den extragalaktischen Himmelsobjekten ist das ebenso wunderschöne wie berühmte Antennen-Galaxienpaar im Sternbild Rabe (Abbildung 7.4). An ihm können wir das Wirken der hierarchischen Strukturbildung auf kleinen Skalen „live" betrachten.

Besonders auffallend sind die ausgedehnten Gezeitenarme, die „Antennen", die sich über einige 10 kpc in den Raum erstrecken. Die Gezeitenarme gehören zu den morphologischen Kennzeichen des frühen Stadiums eines *Mergers* (aus den Englischen; *to merge*, verschmelzen). Die treibende Kraft hinter den kosmischen Kollisionen ist die gravitative Wechselwirkung – *nicht* der sichtbaren Galaxien, sondern ihrer Dunklen Halos. Sie sind es, die aufgrund ihres Massereichtums die dynamische Außenwirkung der Objekte dominieren. Nicht immer bieten Merger so spektakuläre Bilder wie die Antennen-Galaxien; und nicht immer sind die beteiligten Objekte von solchem Ausmaß. Weit häufiger kommt es vor, dass etwa eine unscheinbare, namenlose kleine Zwerggalaxie sang und klanglos von einer Riesenspirale geradezu *verspeist* wird. Unsere Milchstraße vergreift sich zurzeit offensichtlich an der Sagittarius-Zwerggalaxie. Bereits jetzt wandern durch die Gezeitenwirkung unserer Galaxie zahllose Sterne von der Sagittarius-Galaxie in die Milchstraße über. In einigen Hundert Millionen Jahren wird von der Zwerggalaxie nichts mehr übrig sein, ihr gesamter Bestand an Sternen und Gas wird unserer Heimatgalaxie einverleibt sein. Genau dasselbe gilt für die beiden Magellan'schen Wolken, die am Südhimmel mit bloßem Auge sichtbar sind und durch den Halo der Michstraße ziehen.

Abb. 7.4 Die 27 Mpc von uns entfernten *Antennen-Galaxien* NGC 4038 and NGC 4039 bilden das schönste Anschauungsobjekt kollidierender Galaxien. Die Verschmelzung der Galaxien hat vor ca. 1 Milliarde Jahren begonnen.

Diese merkt von ihrem Neuzugang nicht das Geringste. Oft sind es auch nur einzelne Gasfetzen, die ihren Wohnort in die Galaxie hineinverlegen. In solchen Fällen spricht man nicht von einer Verschmelzung, sondern von *Akkretion*.

Erst wenn die Massen der beteiligten Objekte von vergleichbarer Größenordnung sind (3:1 oder 1:1), werden Kollisionen interessant für unser Thema, die Entstehung neuer Galaxien. Nähern sich wie in der Abbildung 7.4 zwei ausgewachsene Scheiben einander, beginnt ein furioses Wechselspiel der Kräfte. Anfangs entrollen die Galaxien mächtige, über Zigtausende von Lichtjahren ausgedehnte Gezeitenarme, als würden sie ihr Gegenüber willkommen heißen. Möglicherweise ziehen beide Zentren noch ein Stück weit aneinander vorbei, beäugen sich gleichsam, kehren dann aber schließlich um und verschmelzen endgültig zu einem Ganzen. Gegenseitig locken sie zuvor die Sterne ihres Gegenübers aus dem gewohnten Gleichgewicht ihrer Bahnen und sorgen für ein chaotisches Durcheinander. Von der dynamischen Ordnung und den kreisrunden Bahnen der Scheiben bleibt dabei nichts übrig. Aus den Spiralen ist ein rundes, strukturloses Sternknäuel geworden, eine Elliptische Galaxie.

So, in aller Kürze, stellt man sich die Entstehung Elliptischer Galaxien im Merger-Szenario vor. Es erklärt in natürlicher Weise eine Reihe von Beobachtungen. Etwa die, wonach man Elliptische Galaxien vorzugsweise in den Zentren mächtiger Galaxienhaufen antrifft, dort also, wo es besonders häufig zu Galaxienverschmelzungen kommt. Spiralgalaxien fühlen sich dagegen wohler in den weniger besiedelten Rändern solcher Haufen oder gar „im Feld", abseits aller Massenversammlungen.

Ein Neubeginn für Spiralgalaxien

Viel war bisher die Rede von den Elliptischen Galaxien auf der einen Seite und den Spiralen oder Scheiben auf der anderen. Wir haben gesehen, wie es in einem natürlichen Prozess zur Bildung der Scheiben kommt und wie die Ellipsen aus den kosmischen Verkehrsunfällen hervorgehen. All das klingt sehr plausibel und lässt uns verstehen, weshalb die großen Galaxien in zwei dominanten Gattungen vorkommen.

Wir wissen aber, dass zahlreiche Spiralgalaxien einen zentralen Wulst besitzen, einen *bulge*, wie man ihn oft nennt (Kapitel 2). Es sieht geradezu so aus, als wären solche Galaxien zusammengesetzt aus einer Scheibe und einer kleinen Elliptischen Galaxie, die wie ein brütendes Huhn in der Mitte des Nestes Platz genommen hat. Untersucht man die sphärischen Komponenten genauer, stellt sich heraus, dass sie tatsächlich in einigen wesentlichen Eigenschaften mit kleinen Ellipsen zu vergleichen sind! Die Sterne, aus denen sie bestehen, sind alt, genau wie jene der Elliptischen Galaxien. Sie leiden unter einem Mangel an Gas, und die Bewegung der Sterne gleicht einem großen Tohuwabohu.

Aus der Sicht unserer Theorie von der Strukturbildung ist es durchaus plausibel, dass es sich bei den Bäuchen der Spiralgalaxien um alte E-Galaxien handelt. Wie die heutigen großen Ellipsen sind sie aus einem Merger zweier (allerdings kleiner) Galaxien bei hoher Rotverschiebung hervorgegangen; nach und nach, während sie durch das All driften, sammeln sie nun erneut Material (Gas und Staub) aus dem intergalaktischem Medium auf, aus dem sich im Laufe der Zeit eine neue Scheibe um die Ellipse formt. Wie in den frühen Scheiben kann das Gas kühlen und die Entstehung neuer Sterne in Gang setzen. Wird die Galaxie in Ruhe gelassen, kann so über Milliarden von Jahren eine stattliche stellare Scheibe heranwachsen, wie wir sie von der Milchstraße oder der Andromeda-Galaxie kennen.

Galaxien im Kreißsaal

Vielleicht fragen Sie sich, welch unvorstellbar gewaltiger Energieausbruch mit der Kollision zweier Galaxien einhergehen muss. Was wird wohl passieren, wenn die Andromeda-Galaxie in einigen Milliarden Jahren mit unvorstellbarer Wucht auf die Milchstraße fallen wird? Wenn eine Armee von hundert Milliarden Sternen hundert Milliarden andere Sterne überfällt? Sollte sich nicht ein infernalisches Feuerwerk entzünden, wenn die Sterne kollidieren? Und was wird mit den Planeten geschehen, auf denen in jener Zeit vielleicht Leben blüht? Die Apokalypse?

Nichts dergleichen. Galaxien „knallen" nicht aufeinander, sondern durchdringen einander – beinahe ruhig und harmonisch, wenigstens, wenn wir in den uns gewohnten Zeitskalen denken. Die Sterne sind in den galaktischen Scheiben so dünn gesät wie Tennisbälle, zwischen denen sich Weiten von 1000 km erstrecken. Durchdringen sich die Scheiben zweier Galaxien, so kommt es praktisch kaum einmal zu einer direkten Sternkollision; und wenn, so bleibt es ohne jede Auswirkung für die Gestalt und die Dynamik des Gesamtsystems.

Dennoch war der Merger für jene Galaxien, die im Laufe ihres Lebens die Kollision mit einem anderen Sternensystem erlebt haben, das entscheidende Erlebnis ihrer Geschichte. Nichts bleibt nach einem solchen Ereignis, wie es war. Keine Galaxie ist danach wieder zu erkennen. Doch mit der totalen Umwälzung der Sterne und ihrer Bahnen ist es nicht getan.

Immer wenn räumlich ausgedehnte Systeme in den Einflussbereich eines starken Gravitationsfeldes kommen, machen sich die sogenannten Gezeitenkräfte bemerkbar. Sie sorgen auf der Erde für Ebbe und Flut oder bringen einen Meteoriten zum Bersten, wie im bekannten Fall des Kometen Shoemaker-Levi 9, der 1994 vor seinem Einschlag auf dem Jupiter durch dessen Kraftfeld in Stücke gerissen wurde. Im Falle der Galaxien bewirken die Gezeitenkräfte die Ausbildung der „Antennen", aber sie kneten auch das Gas in den Scheiben gehörig durcheinander. Immer, wenn es in der interstellaren Materie zu größeren Druckunterschieden kommt, entstehen vielerorts jene lokalen Verdichtungen, die der Bildung von Sternen vorausgehen. Eine Galaxienkollision – oder auch eine nahe Begegnung! – geht deshalb immer mit einer wahren Explosion der Stern-Geburtenrate einher. Im Zentrum der Antennen-Galaxien, das in Abbildung 7.4 vergrößert dargestellt ist, erkennt man deutlich eine blaue Färbung über weite Teile des Objektes. Sie rührt her von der großen Anzahl junger heißer Sterne, die ihr Leben der innigen Galaxien-Begegnung zu verdanken haben.

Oft sind die jungen, noch im Werden begriffenen Sterne von dichten Wolken aus Wasserstoff und Helium umgeben. Dieses Gas wird durch die intensive UV-Strahlung der massereichen Frischlinge ionisiert. Sobald die freien Elektronen jedoch in das Atom zurückfallen – kaskadenartig von Schale zu Schale bis in den Grundzustand –, emittieren sie Infrarot-Strahlung. Deswegen erkennt man ferne Galaxien, die sich gerade eines Sternentstehungsausbruchs erfreuen, daran, dass sie besonders hell im IR-Bereich leuchten. Bei hohen Rotverschiebungen findet man zahlreiche solcher Galaxien, die man oft als ULIRGs bezeichnet, als *Ultra Luminous Infra Red Galaxies*.

Unsere alte Milchstraße bringt heute noch durchschnittlich zwei bis drei Sonnenmassen an Sternen pro Jahr hervor. Man sagt, ihre *Sternentstehungsrate (Star Formation Rate SFR)* liege bei 2–$3 M_\odot/\mathrm{yr}$. Die SFR von ULIRGs oder ähnlichen Gattungen kann durchaus bis zu hundertmal höher sein – und gerade das macht sie aus! Solche Galaxien bezeichnet man ganz allgemein als **Starburst-Galaxien**. Natürlich war eine Starburst-Galaxie, die wir z. B. bei $z = 2,2$ beobachten, nicht schon immer eine solche, und sie wird es auch nicht sehr lange bleiben. Starbursts sind zeitlich sehr begrenzte Erscheinungen im Leben mancher Galaxien. Irgendwann, wenn das Gas aufgebraucht oder durch starke Rückkopplung zu sehr erhitzt oder aus der Galaxie vertrieben wird, können keine weiteren Sterne entstehen.

Elliptische Galaxien, die ja in aller Regel auf einen Merger zurückblicken können – und somit auf eine Phase heftiger Sternentstehung –, beinhalten im Allgemeinen kaum Gas und keine jungen Sterne. Sie sind „vergreist". Daraus erklärt sich auch ihr meist rötliches Leuchten; es stammt von den alten Sternen, die klein und sparsam genug waren, aus der Zeit des Starbursts bis heute zu überleben. Obwohl die massearmen Sterne eine Lebenserwartung von vielen Milliarden Jahren genießen, beobachtet man in den E-Galaxien viele solcher Sterne, die bereits an deutlichen Alterserscheinungen leiden. Nachdem ihr Hauptbrennstoff (Wasserstoff) zur Neige geht, blähen sie sich auf zu überdimensionalen, leuchtkräftigen Sternmonstern, sogenannten **Roten Riesen**. Sie sind es, die das Licht vieler Ellipsen prägen. In dem Band über „Sterne" von Achim Weiß aus dieser Reihe erfahren Sie hierzu vieles mehr.

Es passt sehr schön zum Bild der hierarchischen Strukturbildung „von unten nach oben", dass man bei hohen Rotverschiebungen grundsätzlich mehr Starburst-Galaxien findet als im heutigen Universum. Das liegt daran, dass es dem Bottom-up-Szenario zufolge früher viel mehr kleine Halos und Galaxien geben musste, aus denen sich durch die Verschmelzungen die heutigen, weniger zahlreichen, aber größeren Galaxien bildeten. Für eine höhere Merger-Rate im frühen Kosmos spricht aber auch, dass das Universum bei hohen Rotverschiebungen wesentlich kleiner war und die Galaxien im Durchschnitt weniger Raum für sich beanspruchen konnten.

In schönem Einklang damit findet man auch, dass es relativ früh in der Geschichte des Universums zu einem Maximum in der kosmosweiten Sternentstehung kam, wie zahlreiche Untersuchungen belegen. Besondere Bedeutung erlangte hier ein Projekt des italienischen Astrophysikers Piero Madau, der Mitte der 1990er-Jahre am *Space Telescope Science Institute* in Baltimore, USA arbeitete. Als man mithilfe der neuen Methode die ersten Lyman-Break-Galaxien entdeckte, ging Madau daran, konsequent die Sternentstehungsraten der Galaxien bei hohen Rotverschiebungen zu untersuchen. Das Ergebnis seiner Arbeit ist in Abbildung 7.5 schematisch dargestellt. Man beachte, dass der linke Rand des Diagramms ($z = 0$) dem heutigen Universum entspricht, die Zeit verläuft also von rechts nach links. Wie sich herausstellt, gab es zwischen $z = 5$ und $z = 2$ (also bis vor ca. zehn Milliarden Jahren) eine kosmische Sternentstehung auf konstant hohem Niveau. Sie erreicht ein dezentes Maximum bei $z \approx 2$ und fällt dann langsam (über zehn Milliarden Jahre!) auf das heutige, deutlich niedrigere Niveau ab. Heute beträgt die stellare Geburtenrate nur etwa 6 % von jener bei $z = 2$! Auch hierin spiegelt sich der Trend, dass es im Universum

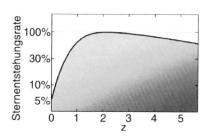

Abb. 7.5 Der Madau-Plot zeichnet die zeitliche Entwicklung der Sternenstehungsrate im gesamten Universum nach. Man beachte die logarithmische Aufteilung der vertikalen Achse. Vor zehn Milliarden Jahren war die globale Sternentstehungsrate ca. fünfzehnmal höher als heute.

immer seltener zu Galaxienmerger kommt. Zudem ist im Laufe der kosmischen Geschichte mehr und mehr Gas in Sternen gebunden, was ebenfalls zum Abflauen der Sternentstehung führt.

Irreguläre Galaxien

Bleibt noch zu klären, was es mit dem Auftreten der Irregulären Galaxien auf sich hat. Meist sind sie von kleinerer Gestalt als die großen E- und S-Galaxien. Ihre Häufigkeit unterliegt ebenso wie jene der jungen Sterne einer deutlichen zeitlichen Entwicklung: Auch sie waren früher weit stärker vertreten als heute. Einen Teil der Irregulären können wir sicherlich mit Galaxien identifizieren, deren Gestalt gerade durch einen äußeren Einfluss massiv gestört wird. Galaxien, die also einen Merger durchlaufen oder auch nur eine nahe Begegnung mit einer anderen Galaxie erfahren. Die Antennen-Galaxien gehören zu dieser Sorte Irregulärer.

Zu den Irregulären Galaxien, die wir aber als die eigentlichen Relikte aus dem Universum hoher Rotverschiebung erachten, gehören z. B. die *blue compact dwarf galaxies (BCDs)*, also blaue kompakte Zwerg-Galaxien. Ihre Massen betragen vielleicht $10^8 M_\odot$, und sie waren im frühen Universum ungleich häufiger anzutreffen als heute. Man geht davon aus, dass die BCD-Galaxien das Ergebnis eines Gas-Einfalls in sehr kleine Halos war, wie es sie im frühen Universum zuhauf gab. Es bildeten sich Sterne darin, aber durch den Sturm der bald einsetzenden Supernovae wurde jegliches Gas aus dem flachen Potenzialtopf abgestoßen. Danach waren sie verschwunden.

Zur Überraschung vieler Astronomen beobachtet man seit einigen Jahren in der Milchstraße genau solche Gebilde, die sich offensichtlich gerade durch den Einfall von Gas in kleine Dunkle Halos bilden. Dies ist besonders interessant im Zusammenhang mit dem Problem der fehlenden Satelliten. Denn die neu entdeckten Zwerggalaxien weisen darauf hin, dass es in der Tat kleine Halos in unserer Umgebung gibt, die über Milliarden von Jahren ohne Sternenvolk dahin vegetieren.

Quasare

In den 1950er-Jahren hat man extragalaktische Objekte entdeckt, deren Spektren sich nicht durch die Überlagerung von Sternenlicht erklären ließen. Sie produzieren ihre Energie durch andersartige hoch effiziente Prozesse. Die Prominentesten unter den **Aktiven Galaxien** sind die **Quasare** (oder *quasistellare Objekte*). Nach ihrer Entdeckung hielt man sie zunächst für Sterne unserer Milchstraße, weil man ihnen keinerlei räumliche Ausdehnung ansah. Im Jahr 1963 entdeckte man aber, dass die neuen Objekte durchaus beträchtliche Rotverschiebungen aufwiesen und sich deshalb weit jenseits unserer Milchstraße befinden müssen.

Quasare leuchten mit einem Vielfachen der Helligkeit heutiger Riesen-Galaxien wie dem Andromeda-Nebel oder unserer Milchstraße. Dennoch scheinen ihre Energien aus geradezu winzigen Regionen zu kommen, deren Abmessungen gerade einmal dem 10 000stel typischer Scheibendurchmesser entspricht. Wie konnte sich im frühen Universum die Leuchtkraft von Millionen Milliarden (10^{15}) Sonnen auf ein Gebiet von wenigen Kubikparsec konzentrieren?

Das Quasar-Phänomen ordnet man heute zusammen mit einigen ähnlichen extrem leuchtkräftigen Objekten den sogenannten **Aktiven Galaktischen Kernen** zu, kurz **AGN** (aus dem Englischen *active galactic nuclei*). Die AGN sind, wie Sie schon aus der Bezeichnung schließen, sind im Zentrum von Galaxien lokalisiert. Die Kernfusion, die die Sterne zum Leuchten bringt, würde für die Strahlungsintensitäten der AGN nicht ausreichen. Man geht daher davon aus, dass in den Zentren solcher Galaxien Schwarze Löcher mit Massen von einigen $10^6 M_\odot$ ruhen, sogenannte *supermassive Schwarze Löcher*. Um die Monster herum rotieren Gas und Staub in hoher Dichte in einer Akkretionsscheibe. Das Material befindet sich in den Fängen des Schwarzen Lochs. Durch dessen enorme Gravitationskraft rotiert sich das Gas der Akkretionsscheibe mit sehr hoher Geschwindigkeit um das Zentrum. Durch Reibung erhitzt es sich und emittiert thermische Strahlung extrem hoher Intensität – die Strahlung, die wir in einer Entfernung von mehreren Milliarden Lichtjahren heute empfangen. Sie entzieht dem Material so viel Energie, bis es letztlich in das Schwarze Loch stürzt. Wie man zeigen kann, reicht es schon aus, wenn das Schwarze Loch nur etwa eine Sonnenmasse pro Jahr verschlingt, um die gemessene Strahlungsintensität zu erzeugen.

Ein Quasar bzw. AGN schöpft seine Energie nicht aus der Fusion von Wasserstoff zu Heliumatomen, sondern letztlich aus der potenziellen Energie des Gases im Gravitationsfeld des Schwarzen Lochs; wir sprechen hier von der effizientesten überhaupt denkbaren Art der Energieumwandlung! Die hohe Effizienz eines solchen Systems rührt daher, dass sich in einem Schwarzen Loch ungeheure Massen auf kleinstem Raum konzentrieren. Dadurch generiert es in seiner unmittelbaren Umgebung extrem hohe Potenzialdifferenzen, aus denen Strahlung ihre Energie zieht (siehe Abbildung 7.6).

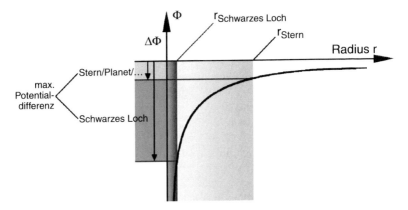

Abb. 7.6 Energieausbeute in einem aktiven galaktischen Kern. Die Kurve stellt den Potenzialverlauf in der Umgebung einer punktförmig angenommenen Masse bei $r = 0$ dar. Ein Stern derselben Masse M habe eine Ausdehnung r_{Stern}. Ein auf den Stern einfallender Körper kann potenzielle Energie umwandeln, indem er vom Unendlichen bis zur Oberfläche des Sterns fällt. Dabei durchläuft er eine relativ geringe Potenzialdifferenz (kurzer senkrechter Pfeil, links im Bild). Fällt ein Körper dagegen auf ein Schwarzes Loch der Masse M, kann er weit tiefer in den Potenzialtopf eindringen und eine wesentlich größere Potenzialdifferenz durchlaufen.

Supermassive Schwarze Löcher hat man inzwischen in den Zentren zahlreicher Galaxien entdeckt. Es gibt überzeugende Hinweise, dass es auch im Kern unserer Milchstraße ein solches gibt! Dennoch zeigt die Milchstraße wie die meisten anderen Galaxien des lokalen/heutigen Universums keine Aktivität. Der Grund ist einfach, dass es im Kern der Milchstraße kein ausreichendes Gas-Reservoir gibt, das das Schwarze Loch „füttern" könnte.

Anders als im heutigen Universum gab es früher zahlreiche Merger, deren beteiligten Galaxien noch dazu deutlich höhere Gas-Anteile besaßen. Im Verlauf eines Mergers kann durch komplizierte (aber in Simulationen nachgewiesene) dynamische Prozesse Gas gezielt in das Zentrum des neuen Objekts strömen, wo das Schwarze Loch schon hungrig wartet. Wie der Starburst ist auch die Aktivität einer Galaxie ein zeitlich begrenztes Phänomen.

Epilog

Wir sind am Ende unseres Versuchs angelangt, ein möglichst einfaches und allgemein verständliches Bild von der kosmologischen Strukturbildung zu zeichnen. Alles, was es zu diesem Thema zu sagen gibt, steht auf dem Sockel der kosmologischen Theorie des heißen Urknalls. Die wichtigste Zutat heißt CDM – Kalte Dunkle Materie. Ohne ihren – im wahrsten Sinne des Wortes – massiven Einfluss und ihre „Vorarbeit" wäre es der baryonischen Materie nicht gelungen, innerhalb weniger Milliarden Jahre nach der Entkopplung Galaxien hervorzubringen, mit ihren Sternen, Planeten und damit letztlich auch dem Leben.

Ein prominentes Detail, das sonst kaum in einem Buch zu einem kosmologischen Thema fehlen würde, habe ich hier beinahe völlig ignoriert: die Kosmologische Konstante. Ich habe bewusst auf sie verzichtet, weil sie den Hergang der Strukturbildung nur quantitativ beeinflusst. Sie sorgt in erster Linie dafür, dass die kosmologische Zeitskala gestreckt wird und schlägt sich damit eher mittelbar auf die Ausprägung der großskaligen Strukturen nieder. Der qualitative Hergang bleibt völlig unberührt.

Viele der Beobachtungen lassen sich im Rahmen der hierarchischen Theorie der gravitativen Instabilität gut verstehen. Die großskaligen netzartigen Filamentstrukturen, die Existenz der Galaxienhaufen und der großen Leerräume. Auch die Strukturen auf kleineren Skalen erklären sich im Grunde erfolgreich aus dem hierarchischen Modell. So etwa die Aufteilung der Galaxien in zwei großen Klassen – spiralförmige und elliptische, die zeitlich geringer werdende Präsenz der Irregulären und das Verschwinden der Quasare. Nicht näher besprochen habe ich zum Beispiel den sogenannten *Butcher-Oemler-Effekt*, wonach man in Galaxienhaufen höherer Rotverschiebung durchaus einen höheren Anteil von blauen Galaxien findet. Erst im weiteren Verlauf der kosmischen Geschichte sollten diese verschmelzen und so für die Dominanz der Elliptischen Galaxien in den Haufen des heutigen Universums sorgen. Auch diese evolutorische Beobachtung fügt sich nahtlos in das hierarchische Konzept.

Es wäre aber mehr als beschönigend, zu sagen, dass die Theorie der kosmologischen Strukturbildung keine Fragen offen ließe. Ich habe nur die repräsentativsten unter ihnen angesprochen: das Problem der großen galaktischen Scheiben (Drehimpulsproblem) und der zu wenigen sichtbaren Zwerggalaxien („*missing mass problem*"). Gerade beim ersten Problem, dem gravierenderen, fehlt es wohl einfach an einer hinreichend tiefen Kenntnis der Physik auf stellaren Skalen. Die Sternentstehung selbst ist das Ergebnis hoch komplizierter *magneto-hydrodynamischer* Prozesse. Sie vor allem sind dafür verantwortlich, dass die Entstehung der Sterne bis heute unzureichend verstanden ist. Aber auch der Entwicklungsstand zahlreicher früher Galaxien gibt Rätsel auf. Viele der massereichsten Galaxien bei $z > 3$ scheinen ihrer Entwicklung weit voraus. Sie besitzen Scheiben von riesiger Ausdehnung, vergleichbar den heutigen, und der Höhepunkt ihrer Sternproduktion liegt hinter ihnen. Unverstanden ist auch die Beobachtung, dass es offensichtlich keine jungen Elliptischen Galaxien gibt, obwohl sie eigentlich zu allen Zeiten (wenn auch heute seltener) als Endprodukte von aktuellen Galaxienverschmelzungen entstehen sollten; die Häufigkeit der Elliptischen Galaxien heute unterscheidet sich kaum von jener bei $z = 1$! Offene Fragen dieser Art kennen die Kosmologen zur Genüge, doch offene Fragen sind nie ein Problem, sondern stets Antrieb und Anregung. Vielleicht greifen Sie in zehn Jahren wieder zu einem Buch über dieses Thema, um zu sehen, was die Entwicklung gebracht hat. Ich glaube, dass die jetzt aktuellen Probleme selbst der Sternentstehung dann gelöst sein werden. Gleichzeitig werden sich neue aufgetan haben. Wenn nicht, wäre die Kosmologie am Ende.

Glossar

Antimaterie Zu jeder Sorte von Elementarteilchen gibt es ein Antiteilchen. Teilchen und Antiteilchen haben entgegengesetzte Ladungen, ansonsten aber identische physikalische Eigenschaften. Eine Wechselwirkung zwischen Teilchen und Antiteilchen führt unmittelbar zur Vernichtung beider Teilchen, d. h. zur Umwandlung ihrer Masse in Strahlung.

Baryonen In der Astronomie die Bezeichnung für stark oder elektromagnetisch wechselwirkende Materie (im Gegensatz zu Neutrinos oder → Dunkler Materie). In der Elementarteilchenphysik Teilchen, die aus drei → Quarks zusammengesetzt sind (z. B. Protonen & Neutronen).

Big Bang   → Urknall.

Bottom-up-Modell Modell der Strukturbildung, nach dem sich zuerst kleine Strukturen auf Zwerggalaxienskalen bilden, die nach und nach zu größeren Strukturen (Galaxienhaufen, Superhaufen) verschmelzen. Das Modell korrespondiert mit der kalten Variante der Dunklen Materie und entspricht der etablierten Theorie der Strukturbildung. Alternative: → Top-down-Modell.

COBE Cosmic Microwave Background Explorer; NASA-Satellit zur Untersuchung der → Kosmischen Hintergrundstrahlung. Entdeckte die Temperaturfluktuationen in der Hintergrundstrahlung.

Dichtefluktuation Abweichung der lokalen Dichte von der mittleren Dichte des Universums.

Dichtekontrast Gesamtheit der → Dichtefluktuationen im Universum.

Dichteparameter Ω Verhältnis aus mittlerer Dichte und → kritischer Dichte des Universums. Es wird heute allgemein angenommen, dass sich die Beiträge von → baryonischer und → Dunkler Materie sowie → Dunkler Energie zur Masse/Energiedichte im Universum gerade auf die kritische Dichte summieren, so dass $\Omega = 1$ gilt.

Dichtespektrum Ausprägung der → Dichtefluktuationen auf unterschiedlichen Längenskalen.

Dunkle Energie Energie unbekannter Natur, die für eine beschleunigte Expansion des Universums sorgt. Die DE ist gleichmäßig im Universum verteilt und beinhaltet knapp drei Viertel der gesamten Masse/Energiedichte des Universums.

Dunkle Materie Materie unbekannter Natur, die das Materiebudget des Universums dominiert. Etwa 85 % der Materie im Universum gehören zur DM. Ihr Anteil an der gesamten Energiedichte des Universums liegt bei 22 %.

Dunkler Halo Gebundenes sphärisches Objekt aus → Dunkler Materie. Alle Galaxien und Galaxienhaufen sind von Dunklen Halos umgeben, deren Masse die der sichtbaren Materiekomponente um ein Vielfaches übertrifft.

Elektronenvolt In der Hochenergiephysik übliche Maßeinheit für die Energie. Ein Elektronenvolt ($1\,\text{eV} = 1{,}6022 \times 10^{-19}$ Joule) ist die Energie, die ein Elektron aufnimmt, wenn es eine elektrische Spannung von 1 Volt durchläuft.

Entkopplung Die Abkopplung der Strahlung von der Materie etwa 380 000 Jahre nach dem Urknall. Verursacht durch die Kombination der freien Elektronen und Protonen des → primordialen → Plasmas zu neutralen Atomen.

Fluktuation → Dichtefluktuation.

Filamente Perlfadenartige großskalige Struktur von Galaxien und Galaxienhaufen.

Friedmann-Lemaître-Modell Das Standardmodell der Kosmologie im Rahmen der → Allgemeinen Relativitätstheorie.

Galaxie Gravitativ gebundene Ansammlung von mehreren Hundert Millionen bis Hundert Milliarden Sternen. Je nach Morphologie unterscheidet man die Grundtypen Elliptische, spiralförmige und Irreguläre Galaxie.

Galaxie, Aktive Galaxie, deren Strahlung wesentlich durch thermische Strahlung aus dem galaktischen Kern herrührt. Im Kern befindet sich ein supermassives → Schwarzes Loch, das die Materie in seiner Umgebung extrem aufheizt und so für extrem energiereiche Strahlung sorgt.

GeV Giga-Elektronenvolt, eine Milliarde → Elektronenvolt.

Gravitations-Instabilität Eine → Dichtefluktuation koppelt vom Hubble-Fluss ab und kollabiert zu einem kompakten Objekt, sobald – bei gegebener Temperatur und Dichte – ihre Masse einen bestimmten Schwellenwert (Jeans-Masse) erreicht. Die Gravitationskraft übertrifft dann die stabilisierenden Druckkräfte.

Halo → Dunkler Halo.

Heisenberg'sches Unschärfeprinzip → Unschärfeprinzip.

Heiße Dunkle Materie Form der → Dunklen Materie, bestehend aus Teilchen, die sehr früh nach dem Urknall vom Strahlungshintergrund abkoppeln und dadurch sehr hohe kinetische Energie besitzen. Heiße Dunkle Materie geht einher mit einer Strukturbildung nach dem → Top-down-Modell.

Hintergrundstrahlung, Kosmische Strahlung aus der Frühzeit des Universums, die uns heute als 2,73-Kelvin-Mikrowellenstrahlung aus jeder Richtung des Alls mit identischem → Spektrum erreicht. Die H. verrät durch ihre winzigen Temperaturfluktuationen zahlreiche Details über das frühe Universum.

Hohlraumstrahlung Strahlung eines im → thermischen Gleichgewicht befindlichen Objekts. Das Spektrum der H. wird ausschließlich durch die Temperatur des Strahlers bestimmt.

Horizont Theoretische Grenze der Einfluss- oder Beobachtungssphäre eines Ereignisses. Der Horizont eines Teilchens oder Beobachters vergrößert sich permanent mit Lichtgeschwindigkeit.

Hubble-Gesetz Zusammenhang zwischen Entfernung d und Fluchtgeschwindigkeit v einer Galaxie. Für Rotverschiebungen $z \ll 1$ gilt $v = H_0 d$ mit der $\rightarrow$ Hubble-Konstanten H_0.

Hubble-Konstante H_0 Parameter der heutigen kosmologischen Expansionsrate. Gibt an, um welchen Betrag die relative Fluchtgeschwindigkeit zweier kosmologischer Objekte sich mit ihrem Abstand erhöht. Man schätzt heute $H_0 = 72\,\mathrm{km/sec/Mpc}$.

Inflation Sehr kurze Phase extrem rapider Ausdehnung des Universums ca. 10^{-35} bis 10^{-33} sec nach dem Urknall. Während der Inflation wurden die $\rightarrow$ Quantenfluktuationen des $\rightarrow$ primordialen Strahlungsfeldes zu makroskopischen $\rightarrow$ Dichtefluktuationen aufgebläht, von denen die spätere Bildung kosmologischer Strukturen ausging.

Ionisation Ein elektrisch neutrales Atom enthält die gleiche Anzahl an Elektronen (Hülle) und Protonen (Kern). Wird mindestens ein Elektron vollständig aus der Hülle des Atoms entfernt, bleibt ein positiv geladenes Atom zurück, ein sogenanntes Ion. Der entsprechende Vorgang wird als Ionisation oder Ionisierung bezeichnet.

Ionisierung $\rightarrow$ Ionisation.

Isotropie Richtungsunabhängigkeit einer Messgröße.

Kalte Dunkle Materie Form der $\rightarrow$ Dunklen Materie bestehend aus Teilchen hoher Masse und geringer Geschwindigkeit, repräsentiert durch die hypothetischen $\rightarrow$ WIMPs. Kalte Dunkle Materie geht einher mit einer Strukturbildung nach dem $\rightarrow$ Bottom-up-Modell.

Kausalität Das Prinzip, wonach einer Wirkung stets eine Ursache vorausgeht.

Kosmologie Die Wissenschaft von der Entstehung, Struktur und Entwicklung des Universums als Ganzem.

Kosmologische Konstante Λ Ursprünglich von Einstein in die Feldgleichung der $\rightarrow$ Allgemeinen Relativitätstheorie eingeführte Konstante, die nach heutiger Sicht für die beschleunigte Expansion des Universums verantwortlich ist. Alternativ vermuten viele Kosmologen die Existenz eines dynamischen (veränderlichen) „Quintessenz"-Feldes.

Kosmologische Parameter   Parameter zur Beschreibung von Zustand und Dynamik des Universums. Am wichtigsten sind → Hubble-Konstante H_0, → Dichteparameter Ω und → Kosmologische Konstante Λ.

Kosmologisches Prinzip   Das Universum ist auf großen Skalen isotrop und homogen. Das heißt, es sieht überall und in allen Richtungen gleich aus. Es gibt keinen ausgezeichneten Punkt im Universum.

Kritische Dichte   Spezieller Wert ρ_0 der mittleren Dichte des Universums, der die Weltmodelle (für $\Lambda = 0$) voneinander trennt. Ist die mittlere Dichte $\overline{\rho}$ kleiner als ρ_0, so leben wir in einem geschlossenem Universum, dessen Expansion irgendwann endet und sich in einen Kollaps umkehrt; ein offenes Universum ($\overline{\rho} > \rho_0$) expandiert ewig. Die Expansion eines flachen Universums ($\overline{\rho} = \rho_0$) nähert sich dem Grenzwert $H(\infty) = 0$, ohne je wirklich zu enden.

Leptonen   Strukturlose Teilchen (Elementarteilchen), die zusammen mit den → Quarks die Grundbausteine der Materie darstellen. Zu ihnen gehören Elektronen, Myonen und Tauonen und die assoziierten Neutrinos. Leptonen unterliegen nicht der starken Wechselwirkung. Neutrinos reagieren nur auf die Gravitation und die schwache Wechselwirkung, was sie sehr schwer nachweisbar macht.

Metallizität   Anteil der schweren Elemente („Metalle") an der Masse eines Sterns oder einer Galaxie.

MeV   Mega-Elektronenvolt, eine Million → Elektronenvolt

Mpc   Megaparsec, eine Million → Parsec.

Mikrowellenhintergrund   → Hintergrundstrahlung.

Neutronenstern   → Supernova-Überrest eines Sterns von maximal 3 Sonnenmassen. Neutronensterne sind die dichtesten Objekte im Universum (10^8–10^9 g/cm^3)

Nukleonen Die Kernbausteine Proton und Neutron.

Nukleosynthese Die Entstehung der Atomkerne. Man unterscheidet → primordiale N. (Bildung vor allem von Wasserstoff und Helium im frühen Universum) und stellare N. (Bildung schwerer Elemente in Sternen). Die primordiale N. vollzog sich innerhalb weniger Minuten nach dem Urknall.

Parsec Entfernungsmaß in der Astronomie/Kosmologie. Eingeführt als die Distanz, von der aus betrachtet die Erdumlaufbahn eine Winkelausdehnung von einer Bogensekunde ($1/3600°$) hat. 1 parsec $=$ 1 pc $=$ 3,263 Lichtjahre $= 3,087 \times 10^{13}$ km. In den Kosmologie verwendet man häufiger das *Megaparsec*, 1 Mpc $= 1\,000\,000$ pc $= 3,087 \times 10^{19}$ km.

Photon Vermittlerteilchen der elektromagnetischen Wechselwirkung und Energiequant der elektromagnetischen Strahlung.

Planck-Verteilung Mathematische Beschreibung des Spektrums eines Schwarzen Körpers.

Planck-Skala Ensemble von physikalischen Größen, deren Werte die Grenzen der modernen physikalischen Theorien markieren. Die Planck-Energie liegt bei $E_P \approx 10^{28}$ eV, sie tritt im Universum etwa $t_P \approx 10^{-43}$ sec (Planck-Zeit) nach dem Urknall ein. Das Universum hat zu dieser Zeit eine Größe von $d \approx 10^{-33}$ cm. Jenseits der Planck-Skala werden Raum und Zeit diskontinuierlich. Dem Anfang des Universums können wir uns deshalb prinzipiell nicht näher als 10^{-43} sec nähern. Die Entstehung des Universums kann deswegen prinzipiell erst nach Ablauf der Planck-Zeit verstanden werden. Bei Energien oberhalb der Planck-Energie vermutet man eine Vereinheitlichung der vier fundamentalen → Wechselwirkungen.

Plasma Heißes Gas mit einem hohen Anteil elektrisch geladener Teilchen. Bis 380 000 Jahre nach dem Urknall lag sämtliche Materie des Universums in Form eines Plasmas vor. In einem Plasma herrscht ständiger Energieausgleich zwischen Strahlung und Materie, was im frühen Universum zur Einstellung eines → thermodynamischen Gleichgewichts führte.

Primordial Bezeichnung für die frühe Epoche des Universums; endet je nach Kontext spätestens mit der → Entkopplung von Strahlung und Materie.

Quantenfluktuationen Das permanente „Wackeln" einer physikalischen Beobachtungsgröße in der Quantenmechanik. Im frühen Universum wurden Quantenfluktuationen des → primordialen Strahlungsfelds durch die → Inflation in makroskopische Dichteschwankungen umgewandelt.

Quantenmechanik Theorie der Physik auf sehr kleinen Skalen (Moleküle, Atome und kleiner). Grundlagen der Theorie sind das → Unschärfeprinzip von Heisenberg und das duale Wesen von Teilchen und Wellen.

Quarks Teilchen ohne innere Struktur (Elementarteilchen), die sich zu Protonen, Neutronen, allgemein zu Hadronen gruppieren. Quarks unterliegen allen fundamentalen → Wechselwirkungen außer der schwachen. Es gibt sechs verschiedene Quarks und deren sechs → Antiteilchen. Quarks bilden neben den → Leptonen die fundamentalen Bausteine der Materie.

Raumzeit-Singularität Hypothetischer Punkt der Raumzeit, an dem die Effekte der Allgemeinen Relativitätstheorie (Krümmung des Raumes, Dehnung der Zeit) unendliche Werte annehmen.

Reionisierung Globaler Vorgang etwa 200 Millionen Jahre nach dem Urknall, bei dem das Wasserstoffgas im Universum durch die energiereiche UV-Strahlung der ersten Sterne vollständig ionisiert wird.

Relativitätstheorie, Allgemeine A. Einstein, 1916. Erklärt die Gravitation als Folge einer durch massebehaftete Körper verursachte Verzerrung der Raumzeit. Grundlage des → Friedman-Lemaître-Modells, der Standardtheorie der Kosmologie.

Relativitätstheorie, Spezielle A. Einstein, 1905. Begründet unser modernes Bild von Raum und Zeit, die nicht mehr statisch und für alle Beobachter gleich sind, sondern sich je nach relativem Bewegungszustand zweier Beobachter unterscheiden. Begründet darüber hinaus die Äquivalenz von Energie und Materie ($E = mc^2$).

Rotverschiebung Durch die kosmische Expansion verursachte Verzerrung des Spektrums weit entfernter Galaxien in den langwelligen, roten Bereich.

Schwarzes Loch Region der Raumzeit, aus der weder Licht noch Materie entweichen können. Im Inneren eines Schwarzen Loches vermutet man eine → Raumzeit-Singularität.

Singularität → Raumzeit-Singularität

Skalenparameter Maßstab für den „Durchmesser" des Universums. Man definiert $a = 1$ für das heutige Universum. Frühere Epochen werden dann durch einen Skalenparameter a zwischen 0 und 1 eindeutig charakterisiert.

Spektrum Die Strahlung eines physikalischen Objekts (Stern, kosmologischer Hintergrund u. a.) besteht nie aus nur einer Wellenlänge, sondern einem mehr oder weniger ausgeprägten Kontinuum vieler benachbarter Wellenlängen. Das Spektrum beinhaltet die Information über die Intensität der Strahlung innerhalb eines kleinen Wellenlängenintervalls.

Starburst-Galaxie Galaxie mit vorübergehend ungewöhnlich hoher Sternentstehungsrate.

Supernova Extrem energiereiche Explosion am Ende der Entwicklung eines massereichen Sterns. Supernovae sind für die Anreicherung einer Galaxie mit schweren Elementen verantwortlich.

Thermische Strahlung Elektromagnetische Strahlung, die ausschließlich von der Inneren bzw. Wärmeenergie eins Körpers rührt (im Gegensatz z. B. zur Bremsstrahlung).

Thermodynamisches Gleichgewicht Zustand eines Objekts oder Systems, der durch eine einheitliche Temperatur charakterisiert ist.

Top-down-Modell Modell der Strukturbildung, nach dem sich zuerst große Strukturen auf Clusterskalen bilden, die nach und nach zu kleineren Strukturen (Galaxienhaufen, Galaxien) zerfallen. Das Modell korrespondiert mit der heißen Variante der Dunklen Materie. Das T.-d.-Modell gilt inzwischen als ausgeschlossen. Die aktuelle Theorie der Strukturbildung wird durch das → Bottom-up-Modell repräsentiert.

Unschärfeprinzip Fundamentales Prinzip der Quantenmechanik. Ort und Impuls eines Teilchens sind nie gleichzeitig als scharfe Werte definiert.

Unschärferelation → Unschärfeprinzip.

Urknall Hypothetischer Zeit-Nullpunkt des Universums, der sich jedem physikalischen Zugang entzieht, da alle gegenwärtigen Theorien bei Erreichen der → Planck-Skala versagen. Als *Urknall-Theorie* bezeichnet man üblicherweise das Konzept eines expandierenden Universums mit einem zeitlichen Anfang und einer frühen Phase im → thermodynamischen Gleichgewicht bei hoher Energie.

Voids   Näherungsweise sphärische Regionen im Universum, in denen sich praktisch keine sichtbare oder Dunkle Materie aufhält. Ihre Durchmesser betragen bis zu hundert → Megaparsec.

Wechselwirkung, fundamentale   Die vier fundamentalen Kräfte der Physik: Gravitation, schwache, starke und elektromagnetische Wechselwirkung. Nach der Quantenfeldtheorie werden die Kräfte durch den Austausch von Teilchen, den sogenannten Eichbosonen, vermittelt. Bei hohen Energien (insbesondere im frühen Universum) sollten die fundamentalen WW zu vereinheitlichten neuen Kräften verschmelzen.

WIMPs   Weakly Interacting Massive Particles (Schwach wechselwirkende schwere Teilchen). Repräsentativer Begriff für die hypothetischen Teilchen der → Kalten Dunklen Materie.

WMAP   NASA-Satellit zur Erforschung der Kosmischen → Hintergrundstrahlung. WMAP konnte die Temperatur-Fluktuationen der Hintergrundstrahlung wesentlich detailreicher messen als sein Vorgänger → COBE. Die WMAP-Daten ermöglichen eine relativ genaue und zuverlässige Eingrenzung der Kosmologischen Parameter.

Bildnachweis

Abbildung 2.1: Millennium-Simulation: Volker Springel & The Virgo Consortium

Abbildung 2.2: Hubble Sequenz: Ville Koistinen

Abbildung 2.4: M87: Canada-France-Hawaii Telescope/Coelum – J.-C. Cuillandre & G. Anselmi; NGC1132: Credit: NASA, ESA, and the Hubble Heritage (STScI/AURA)-ESA/Hubble Collaboration

Abbildung 2.6: Sombrero-Galaxie: Credit: NASA and The Hubble Heritage Team (STScI/AURA); NGC 1300, M81: Credit: NASA, ESA, and The Hubble Heritage Team (STScI/AURA); M101: Credit for Hubble Image: NASA and ESA

Abbildung 2.7: M82, NGC 1427A, AM 0644-741: Credit: NASA, ESA and The Hubble Heritage Team (AURA/STScI)

Abbildung 2.8: 2dF: The 2dF Galaxy Redshift Survey Team, Colless et al. (2001), MNRAS, 328, 1039, www2.aao.gov.au/2dFGRS/

Abbildung 2.9: Abell 1689: NASA, N. Benitez, T. Broadhurst, H. Ford, M. Clampin, G. Hartig, G. Illingworth, the ACS Science team & ESA

Abbildung 4.4: WMAP-Karte: Credit: NASA/WMAP Science Team

Abbildung 5.3: George Smoot: Lawrence Berkeley Laboratory (LBL)

Abbildung 5.5: COBE/WMAP: NASA

Abbildung 5.6: Helmut Hetznecker nach einer Grafik in Peter Coles, The Routledge Critical Dictionary of the New Cosmology, Routledge, New York, 1998

Abbildung 5.7: WMAP Spektrum: Credit: NASA/WMAP Science Team

Abbildung 6.2: Hubble Space Telescope: NASA

Abbildung 6.3: Hubble Ultra Deep Field: NASA, ESA, S. Beckwith, (STScI) and the HUDF Team

Abbildung 7.4: Antennae Galaxies: Daniel Verschatse – Observatorio Antilhue – Chile

Abbildung 7.4: Antennae (Zentrum), vergrößerter Ausschnitt: NASA, ESA, and the Hubble Heritage Team (STScI/AURA)-ESA/Hubble Collaboration

Abbildungen 1.1, 1.2, 1.3, 2.3, 2.5, 3.2, 3.3, 3.4, 3.5, 3.6, 4.1, 4.2, 4.3, 5.1, 5.2, 5.4, 5.8, 5.9, 5.10, 6.1, 6.4, 6.5, 6.6, 6.7, 6.8, 6.9, 6.10, 7.1, 7.2, 7.3, 7.5, 7.6: Helmut Hetznecker

Printed in the United States
By Bookmasters